有机工质离心透平气动设计与数值模拟

宋艳苹　编著

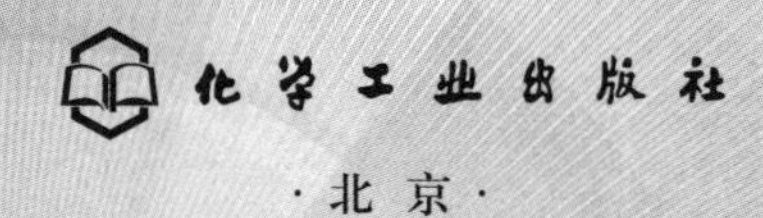

·北京·

内容简介

本书系统阐述了有机工质离心透平的一维气动设计、叶型优化设计、基于CFD技术气动性能研究和基于有限元的叶轮强度校核等四个方面的研究。全书共分为5章，可为有机工质离心透平的设计和推广应用提供理论参考。

本书适合从事有机工质离心透平设计和性能研究的科研工作者，也可供高等院校动力机械和流体机械等相关专业师生参考阅读。

图书在版编目（CIP）数据

有机工质离心透平气动设计与数值模拟 / 宋艳苹编著. -- 北京 : 化学工业出版社，2024. 9. -- ISBN 978-7-122-46500-9

Ⅰ. TK14

中国国家版本馆CIP数据核字第2024LF7269号

责任编辑：陶艳玲

责任校对：宋　玮

装帧设计：关　飞

出版发行：化学工业出版社

（北京市东城区青年湖南街13号　邮政编码100011）

印　　装：中煤（北京）印务有限公司

710mm×1000mm　1/16　印张7¾　字数119千字

2025年1月北京第1版第1次印刷

购书咨询：010-64518888　　售后服务：010-64518899

网　　址：http://www.cip.com.cn

凡购买本书，如有缺损质量问题，本社销售中心负责调换。

定　　价：68.00元

前言

低品位热能种类繁多且总量巨大，主要包括工业余热、太阳能、地热能、生物质能等。这些能源都广泛存在于生产生活中，但由于其品位较低、做功能力差，未能得到充分利用。开发低品位热能的高效利用技术，对于提高我国的能源利用效率、推动能源可持续发展和降低碳排放具有重要的意义。有机朗肯循环发电技术是开发利用中低温热源的有效途径，膨胀机是有机朗肯循环发电系统的核心设备，研发性能优良的大功率有机工质膨胀机是推广应用有机朗肯循环发电技术的关键。

离心（式）透平具有气动与几何相匹配的结构特征，应用于体积流量变化的有机朗肯循环具有显著优势。本书从离心透平这一结构特征对热力特性的影响机理入手，基于有机工质的特殊热物性，开展对有机工质离心透平的设计和性能研究，探索径比（动静叶进出口直径之比）对离心透平气动性能的影响，与动静叶型几何特性和气动特性之间的关联，具有较好的科学意义。

本书共分为 5 章，首先介绍了离心透平结构特点，引入径比的概念，对离心式透平级的能量转换过程进行热力学分析，建立了单级和多级有机工质离心式透平的热力设计系统，并分析了变工况条件下焓降、反动度和流量等热力参数变化规律。然后利用计算流体力学（CFD）技术和优化算法，基于单级和多级有机离心透平设计案例，研究了离心式透平动静叶型优化设计方法和离心式透平内流场特征和流动特性，验证了离心式透平变工况性能以及焓降、反动度和流量等关键参数的变化规律。最后采用有限元法基于应力分析对离心透平核心部件叶轮的强度进行了校核，分析了在离心力和气流力共同作用下，离心式透平叶轮在设计转速和最大破坏转速下的叶轮应力和应变分布规律。本书内容为有机工质离心式透平的设计和推广应用提供理论参考。

另外近年随着计算机技术的发展，CFD 技术的快速发展给流体力学学科及其交叉研究领域带来新的研究方法，已经深入到相关工程技术的各个领域。利用 CFD 技术研究透平内复杂高速旋转流动特性和叶型气动设计方面得到了广泛应用，已经成为工业设计的重要分析工具。本书详细描述了离心透平通流部件的优化设计方法、网格划分方法和数值模拟计算方法，以及基于有限元叶轮强度校核方法。从事动力机械研究的高等院校本科生、研究生和企业工程师也可通过本书，了解 CFD 技术在研究透平内复杂高速旋转流动特性和叶型气动设计方面的应用。

本书内容基于作者多年研究成果撰写而成，很多成果已经在国内外重要期刊公开发表。在该课题研究过程中，得到了导师上海理工大学黄典贵教授多年的指导和大力帮助，得到博士期间课题组孙晓晶、罗大海、孙槿静等老师提供的帮助，得到课题组谭鑫、刘亚萍、罗丹和王乃安等提供的支持，谨向他们致以衷心感谢。

限于作者的能力和水平，加之时间仓促，书中难免有不当之处，敬请读者批评指正。

编著者
2024 年 7 月

目录

第1章 引言

1.1

有机朗肯循环发电技术

1.1.1 有机朗肯循环工作原理

1966年，Ray等[1]提出有机朗肯循环回收低品位热能，随后以氟利昂为工质的有机朗肯循环引起了各国学者的广泛关注。基本有机朗肯循环系统流程如图1.1所示，与传统蒸气动力循环相同，低沸点的有机工质在四个热力过程中循环将热能转换为机械功对外输出发电。主要包括四个基本热力过程：工质在预热器和蒸发器中的定压吸热过程；膨胀机中的绝热膨胀做功过程；冷凝器中的定压冷凝过程；工质泵中的等熵压缩过程。

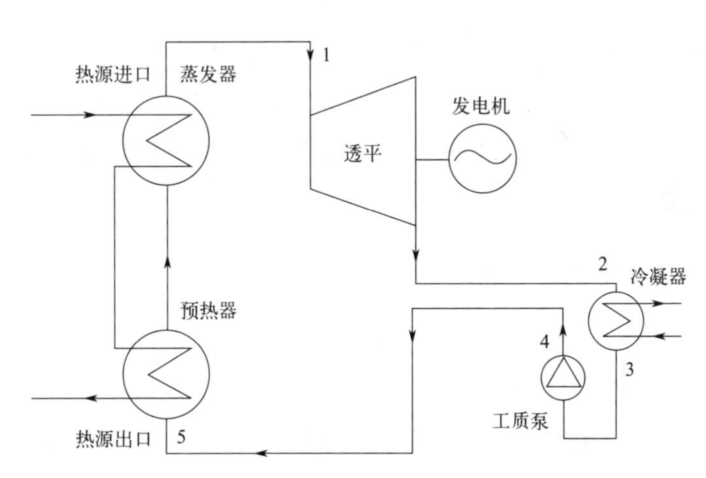

图1.1 基本有机朗肯循环系统

国内外自20世纪70年代开始进行有机朗肯循环发电机组样机实验并逐步开始投入商业应用。据不完全统计，全世界投入商业运行的有机朗肯循环机组有两千多套，其中最大单机容量为14MW[2]。表1.1为部分投入运行的低温热源有机朗肯循环电站。

表1.1　部分投入运行的有机朗肯循环电站[1-5]

热源	热源温度 /℃	功率 /kW	运行年份	位置	制造商
地热能	74	200	2007	美国	UTC
垃圾焚烧	180	3000	2008	比利时	Turboden
工业余热	290	1000	2012	意大利	Turboden
生物质	116	65	2012	美国	Electra Therm
地热	110	1000	1977	中国	ORMAT
工业余热	275	1500	1999	德国	ORMAT

由表 1.1 中投运有机朗肯循环电站可知，有机朗肯循环发电技术在地热能、太阳能、工业余热和生物质能利用方面均已有代表性商业应用，展现出了在低温热源发电技术方面的优势。

1.1.2　有机朗肯循环工质选择

有机朗肯循环候选工质种类多，其热力学性能、安全性和对环境的影响差异很大，对循环系统的热经济性影响也有较大差异。因此有机朗肯循环的优化设计首先要进行工质选择的研究，主要从热力学性能、环保性、安全性和设计可行性等方面进行。

（1）工质的热力学性能

图 1.2 为 R21、R601、R245fa 和水蒸气四种工质根据美国国家标准与技术研究院（NIST）的工质物性计算软件 REPROP9.0 中工质热物性参数绘制的温熵图。由图可知，工质 R601 的干饱和蒸气线斜率大于零（$\mathrm{d}T/\mathrm{d}s>0$）为干工质，R245fa 的干饱和蒸气线斜率等于正负无穷（$\mathrm{d}T/\mathrm{d}s=\pm\infty$）为等熵工质，R21 的干饱和蒸气线斜率小于零（$\mathrm{d}T/\mathrm{d}s<0$）为湿工质。为了保证工质在有机朗肯循环系统膨胀机做功大部分在气相区（即为过热状态），因此大部分有机朗肯循环系统工质首选为干工质或者等熵工质。

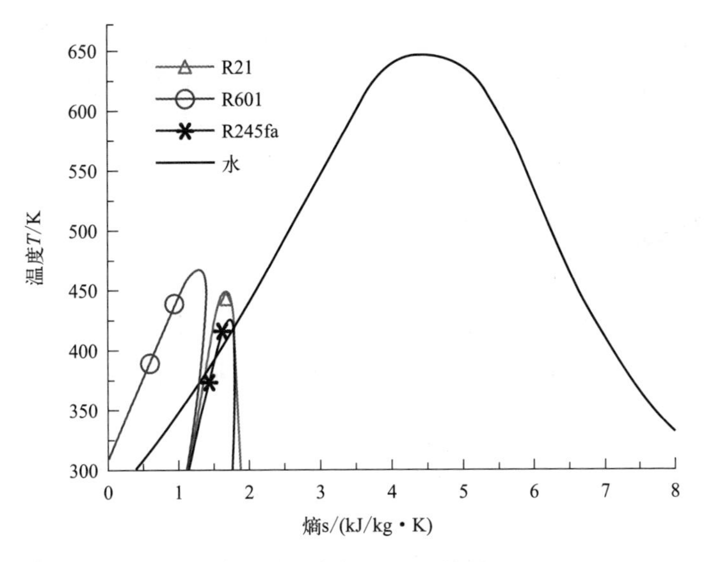

图 1.2 有机工质温熵图

工质的临界温度和压力。工质的热物性在临界点附近变化很大，为了避免循环热力性能和膨胀机的工作稳定性在临界点附近变差，因此根据热源条件选择候选工质的工作区间。

工质的冷凝温度和压力。在一定的水冷或者空冷条件下，工质的冷凝压力稍大于大气压力可保证系统在正压环境又可防止压差过大工质泄漏。

（2）工质的环保性

有机工质环保特性评价指标分别是臭氧消耗潜值（ODP）和全球变暖潜值（GWP）。有机工质按组成可分为五类：氯氟烃 CFCs、氢氯氟烃 HCFCs、氢氟烃 HFCs、全氟烃 FCs 和碳氢化合物 HCs。五类工质对臭氧层破坏潜值不同。CFCs 臭氧层破坏潜值 ODP 值较高，属于淘汰工质。HCFCs 的 ODP 值要远小于 CFCs 类工质，属于替代工质。HFCs 类工质不含氯原子，ODP 值为 0，但是其全球变暖潜值 GWP 较高。工质选择中首先排除臭氧消耗较大 CFCs 类工质，候选工质选择稳定性好的 HFCs 和 HCs 类以及全球变暖潜值低 HCFCs 类工质。

（3）工质的安全性

工质的安全性主要考虑工质的毒性和易燃易爆的两个特点。工质为易燃易爆物质或者具有毒性，工质的泄露会对人员造成伤害，选用此类工质对系统的密封性就提出了严格的要求。因此工质选择首先排除易燃易爆及毒性较大的工质。

1.1.3 有机朗肯循环研究现状

为了进一步提高有机朗肯循环热效率，国内外很多学者针对不同类型的有机朗肯循环系统的热力性能和工质选择进行了研究。

（1）循环系统热力性能研究

有机朗肯循环系统主要包括四种类型：1）基本有机朗肯循环系统；2）带回热设备的有机朗肯循环系统；3）再热式有机朗肯循环的；4）其它特殊有机朗肯循环系统，例如地热能发电中，在系统中增加闪蒸装置的有机朗肯循环系统[6]；温差发电系统与液化天然气（LNG）发电系统组合成的复叠式有机朗肯循环循环系统[7]。

表 1.2 为国内外学者研究有机朗肯循环系统布置形式现状。基本有机朗肯循环包括加热装置（预热器 + 蒸发器）、膨胀机、冷凝器和工质泵四个部分（简称为 R）；回热型有机朗肯循环分为三类，带内回热器的有机朗肯循环系统（简称为 IR）、带抽气回热装置的有机朗肯循环系统（简称为 RR），带内回热和抽气回热的联合有机朗肯循环系统（简称为 CRR）。比利时根特大学 Lecompte[8] 总结了国内外 40 余位学者关于有机朗肯循环热力性能的研究成果。结果表明：再热式有机朗肯循环系统在一定的再热压比下，循环热效率增加，输出净比功增大；回热型有机朗肯循环系统热效率高于基本循环效率，并且随着回热度的增大，系统热效率增高。

表1.2 有机朗肯循环系统布置形式研究概况

工质	系统形式	热源	温度 /℃	研究者
R11 等	R	工业余热	300	Liu[9]
R125 等	R	工业余热	100	Cayer[10]
R601，R245ca	R+HR	工业余热	120 ～ 160	王智[11]

续表

工质	系统形式	热源	温度 /℃	研究者
R11 等	R+HR	太阳能	100 ～ 150	赵国昌 [12]
R123	R+IR+HR	太阳能	120	Pei[13]
R245fa	R+IR+CRR	低温热源	100	曹树园 [14]
R113 等	R+IR	低温热源	—	Mago[15]
R123	R+IR	低温热源	100	徐容吉 [16]
R236ea 等	R+IR	烟气余热	150	韩中合 [17]
R113 等	R+IR+HR	工业余热	80 ～ 213	Desai[18]

（2）工质选择的研究

有机朗肯循环系统工质主要为氟利昂类和烷烃类，工质种类多，热物性差别很大，国内外学者针对适宜工质选择进行了大量的研究。

德国拜罗伊特大学的 Heberle[19] 研究了热源温度低于 450K 时，4 种工质（R600a、R601a、R245fa 和 R227ea）应用于基本有机朗肯循环和热电联合有机朗肯循环系统的热经济性。结果表明：基本循环系统以 R245fa 为工质循环热效率最高；热电联合循环系统以 R227ea 为工质循环热效率较高。Huang[20] 研究了以水、氨、R11、R12、R134a 和 R113 为工质的有机朗肯循环系统的热力性能。结果表明：在相同的蒸发压力下，湿工质比干工质循环热力性能更好，等熵工质最适合用于低温余热的回收。美国密西西比州立大学 Mago[21] 分析了沸点在 -43 ～ 48℃之间的 7 种工质（R134a、R113、R245ca、R245fa、R123、R600a 和丙烷）的循环热效率和余热利用效率。结果显示：蒸发温度大于 430K 时，R113 热效率最高；蒸发温度在 380 ～ 430K 之间时，R123、R245ca 和 R245fa 呈现较好的热力性能；蒸发温度小于 380K 时，R600a 效率最高。奥地利维也纳农业大学的 Saleh[22] 对 31 种有机工质的系统热力性能进行了研究。研究结果表明：工质蒸发温度在 30 ～ 100℃变化时，以正丁烷为工质，带内回热器的有机朗肯循环系统热效率最高。希腊雅典农业大学 Tchanche[23] 研究了以太阳能为热源时，R12、

R123、R134a 和环己烷等 20 种工质的有机朗肯循环热力性能。最后得出结论：R600、R601a、R290 和 R134a 为适宜工质。

国内自 20 世纪 80 年代起，很多学者针对工质选择进行了大量的研究。清华大学李艳[24]以工业余热为热源，系统总结了热源温度在 80 ～ 220℃之间变化时，不同工质的有机朗肯循环系统的热力性能。结果表明：热源温度等级不同，适宜工质也不相同，其中 R141b、R123 和 R245fa 为工质时，循环热效率较高。天津大学潘利生[25]建立有机朗肯循环系统热力学模型，以 R125、R134a 和 R218 为工质，对亚临界、近临界和跨临界循环系统热力性能进行了研究。结果表明：有机朗肯循环系统在亚临界，近临界和跨临界区域工作时，循环热效率和质量流量等连续变化，但是近临界稳定性差，不建议在近临界区工作。北京工业大学的 Wang[26]以发动机尾气余热为热源时，研究了 9 种不同工质的有机朗肯循环系统热力性能。结果表明：R11、R141b、R113 和 R123 的循环热效率较高，R245fa 和 R245ca 为最适宜工质。

1.2

有机工质膨胀机

膨胀机是有机朗肯循环热功转换的关键设备，其内部流动为三维黏性流动，流动机理复杂。而有机工质声速低，易形成超音速流动，密度和体积流量变化大，进一步增加了膨胀机设计的难度，是制约有机朗肯循环发电技术发展的关键因素之一。有机朗肯循环系统膨胀机可分为容积型和速度型两大类。

1.2.1 容积型膨胀机

容积型膨胀机多为制冷压缩机改型反转设计，原理为工质通过在可变容积中膨胀，将热能转化为机械能。主要结构形式有涡旋式、旋叶式、螺杆式和活塞式等，见图 1.3。

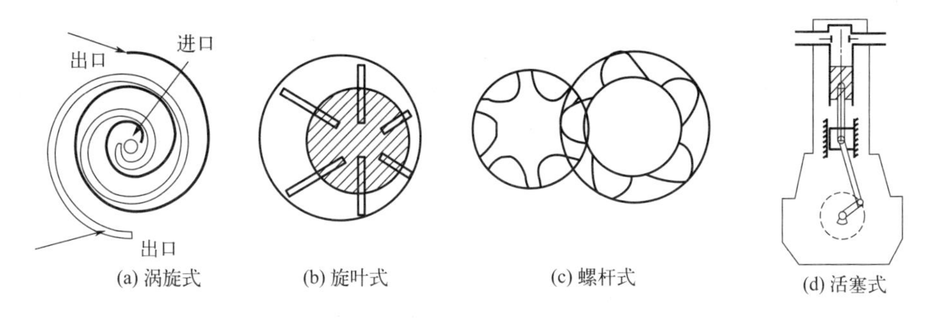

(a) 涡旋式 (b) 旋叶式 (c) 螺杆式 (d) 活塞式

图 1.3 容积型膨胀机

容积型膨胀机具有设计制造简单、转速低、振动小和可适用于两相流动的优点，但是由于可变容积受限，工质流量小，功率等级低，摩擦损失和泄漏损失较大，多用于小功率等级的有机朗肯循环系统[27]。近年来国内外学者对容积型膨胀机进行了大量研究，研究内容主要包括一维气动设计、内流特性和变工况性能等[28-30]。

旋叶式和涡旋式膨胀机质量流量小，一般适用于功率等级在10kW以下的有机朗肯循环系统，主要优点是结构简单、重量轻、转速低；缺点是泄漏损失较大、润滑系统复杂。英国克兰菲尔德大学的Badr[31-34]针对涡旋式膨胀机开发了气动设计程序，并加工了功率为10kW的样机进行试验研究，效率可达到73%；国内上海交通大学顾伟[35]以异丁烷为工质，设计了功率为1.1kW的涡旋式膨胀机，并进行了试验研究，系统循环热效率可达到2.9%。活塞式膨胀机也是小功率膨胀机，优点是转速低、结构简单和可适用于两相流动，缺点是做功不连续。

螺杆式膨胀机为现阶段推广最多的容积型膨胀，大部分为双螺杆式机型，近年来在余热利用方面受到较多的关注。与其它容积式膨胀机相比，螺杆式膨胀机质量流量大、功率等级高，同时也可适用于两相流动；但是在工作过程中，由于螺杆内间隙小造成制造加工困难造价高，且膨胀比受螺杆长度限制。1976年德国多特蒙德工业大学设计研发出第一台螺杆式膨胀机并投入运行试验。英国伦敦城市大学Leibowitz[36]对双螺杆膨胀机采用试验与数值模拟的方法研究了气动性能。

天津大学首家将螺杆膨胀机用于发电研究，对螺杆膨胀机的性能进行了数值模拟和试验研究[37, 38]。北京理工大学张业强[39]研制了单螺杆膨胀机，并以潍柴动力柴油机尾气为热源进行了试验研究，结果表明：在加装了尾气余热利用装置后，油耗最大降低3.5%。目前螺杆式膨胀机在有机朗肯循环工业应用中推广较好，主要应用于工业余热和生物质能等热源发电项目中。表1.3表示近年来国内外部分容积型膨胀机的研究概况。

表1.3　容积型膨胀机研究概况

类型	工质	效率/%	功率/kW	研究者
涡旋式	R113	64	0.45	Saitoh[40]
	R113	68	1.6	Quoilin[28]
	R134a	59	0.646	Twomey[30]
	空气	62～70	—	Gao[41]

续表

类型	工质	效率 /%	功率 /kW	研究者
螺杆式	空气	59	5	Wang[42]
	R113	70	20	Brasz[43]
	空气	80.75	56.55	Li [44]
	R123	73.25	10	Zhang[45]
旋叶式	HFE7000	55.45	0.85	Qiu[29]
	—	73	≤ 10	Badr[31, 32, 34]
	R236fa	n/a	1.47	Cipollone[46]
活塞式	R245fa	45.2	1.73	Wang[47]
	—	70	—	Glavatskaya[48]
	R245fa	65	4	Clemente[49]

1.2.2 速度型膨胀机

速度型膨胀机又称为透平，通过工质的速度变化将热能转化为动能再进一步转化为机械能。与容积型膨胀机相比，速度型膨胀机质量流量大、膨胀比高、焓降大、功率等级高；主要缺点是不适宜工作于气液两相态、透平结构复杂。

根据工质在透平内流动的方向不同，速度型膨胀机可分为轴流式透平、向心式透平和离心式透平，结构如图 1.4 所示。

近年来随着有机朗肯循环发电技术的推广，机组功率越来越大，速度型透平引起了国内外学者的广泛关注。关于有机朗肯循环速度型透平的研究主要包括有机工质热物性对透平设计的影响 [50]、一维气动优化设计方法及损失模型 [51, 52]、叶型几何设计及气动性能的验证 [53-56] 等方面。

意大利佛罗伦萨大学 Daniele[51, 57] 利用真实气体模型，建立叶尖泄露损失、叶轮摩擦损失、冲角损失和端面损失模型，利用一维气动性能分析程序，研究了 R134a 等 6 种有机工质的向心式透平性能。美国国家航空航天局对向心透平的气动设计方法和气动损失模型进行了大量研究，建立向心式透平变工况性能预测方法，经过试验验证结果表明气动预测结果与试验结果基本吻合[58-61]。英国伯明翰大学的Rahbar[27]采用直接优化设计方法，建立了将向心式透平的一维气动设计程序与有机朗肯循环系统性能分析相结合的计算模型，并针对6种不同的工质，预测有机朗肯循环系统热力性能。结果表明：该方法与透平效率简化为定值的系统预测方法相比，效率相差6.3%。澳大利亚昆士兰科技大学Sauret[62]以R143a为工质，设计了应用在地热热源的向心式透平，并对设计的向心式透平进行了数值模拟验证和变工况性能分析，对比了工质物性，利用REFPORP9.0数据库定义真实气体和P-R方程定义的气体热物性模型的数值模拟结果，表明利用真实气体模型结果更加准确。

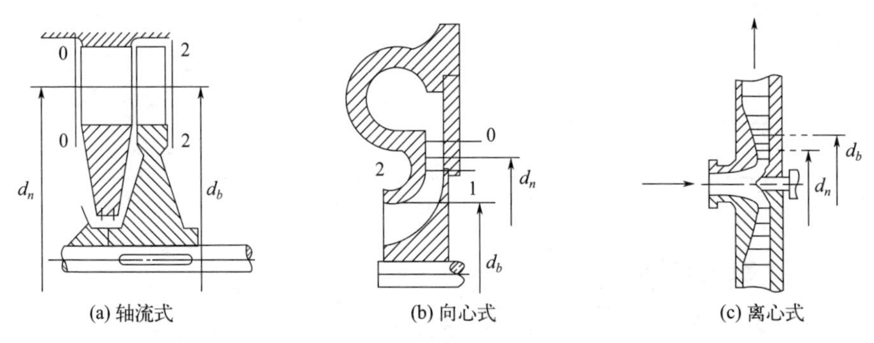

图 1.4 速度型膨胀机（从左至右）

0—级前蒸气状态点；1—静叶出口蒸气状态点；2—动叶出口蒸气状态点；
d_n—静叶平均直径；d_b—动叶平均直径

国内很多单位针对向心透平的性能进行了研究，清华大学的李艳[63]建立了向心式透平气动设计及变工况性能预测程序，并利用数值模拟进行验证，结果表明数值模拟结果与气动设计有较好一致性。天津大学的潘利生[25]开发了向心式透平的设计程序，并与有机朗肯循环热力模型相结合分析系统性能。结果表明：与热力模型中透平效率为定值的系统分析方法相比，该方法分析热力性能更加准确。向心式透平的叶型几何设计及子午面优化也是气动性能研究的基础，国内有很多学者对叶型优化、子午面型线优化也做了大量研究。

与径流式透平相比，轴流式透平更适合用于大功率发电机组。Moroz[64]针对150℃的低温热源，设计了以R245fa为工质的功率为250kW的轴流式透平，总静效率在 80% 以上。Fu[65] 对该透平进行了加工，并在台湾进行了实验研究，输出功为 219kW，效率可达 63.7%。德国拜罗伊特大学的 Klonowicz[66, 67] 根据有机工质的热物性，建立了流动损失模型，预测轴流式透平的气动性能，并以 R227ea 为工质，对透平的性能进行了试验研究。Colonna[68] 开发了二维欧拉方法的数值模拟计算程序，结合有机工质八甲基三硅氧烷热物理性质，以 300kW 的轴流式透平喷嘴为例，研究了真实气体效应对有机工质轴流式透平设计及其喷嘴内流动性能的影响，为改进喷嘴设计提供参考。英国伯明翰大学 Al Jubori[69] 以（R141b、R1234yf、R245fa、R600 和 R601）为工质，设计了轴流式透平和向心式透平，并采用数值模拟的方法对气动性能进行了研究。结果表明：以 R601 为工质透平总体性能最好，向心式透平最优工况效率和输出功率分别为 83.85% 和 8.893kW，轴流式透平则为 83.48% 和 8.507kW。

国外自 20 世纪 70 年代开始样机实验，代表企业有以色列 ORMAT 公司和意大利 Turboden 公司等。ORMAT 公司研发以轴流式机组为主，机组功率大，多应用于地热领域；意大利 Turboden 公司机组主要应用于生物质和工业余热，膨胀机的形式有轴流式、向心式和螺杆式等。国内在该领域的研究起步相对较晚，仅有浙江开山集团、江西华电公司、汉钟精机和中国船舶重工集团公司第七一一研究所等几家单位以螺杆膨胀机为主的研发与生产，功率等级多在 1MW 以下。

1.3

离心式透平

1.3.1 离心式透平结构特点

速度型膨胀机除了轴流式透平和向心式透平外，一种新型的离心式透平在近几年受到关注，结构如图 1.5 所示，图 1.5（a）为单向进气四级离心式透平结构图，图 1.5（b）为三级离心式透平叶轮模型。气流在透平中的流动特征与向心式透平相反，由内径流入，外径流出。离心式透平通流截面旋成半径随着气流膨胀方向而增大，而工质在膨胀过程体积流量增大，使气动与几何相匹配，可减小叶高变化甚至采用等叶高直叶片，降低了加工制造的难度。

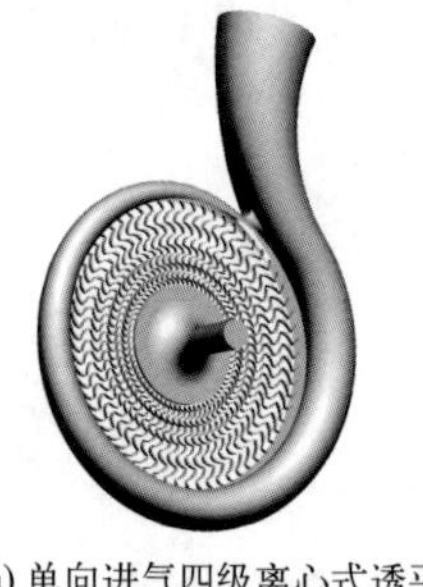

(a) 单向进气四级离心式透平

(b) 三级离心式透平叶轮模型

图 1.5　离心式透平的结构

1.3.2 离心式透平的设计方法

1949 年，Ljungström[70] 设计了以蒸气为工质，但由于当时的工艺与材料限制，并未被广泛推广。

1998年，斯洛文尼亚卢布尔雅那大学的Sekavčnik[71]以不可压缩完全气体为工质，设计了单向进气的单级离心式透平，利用数值模拟方法验证了透平气动性能，结果表明最高等熵效率为82.9%。

美国西南研究院Brun[72-74]对离心式透平进行了研究，设计了用于燃气轮机的离心式透平，并将离心式透平和离心式压气机安装在同一个轮盘上，使得燃气轮机的尺寸减小和造价降低。

意大利米兰理工大学的Casati、Persico、Pini[75-82]等近年来对离心式透平的气动设计和流动特性进行了研究，并设计了以戊烷为工质，功率为1.2MW的两组离心式透平，利用数值模拟方法研究了气动性能。

英国伯明翰大学的Al Jubori等[55]设计了功率为15.15kW的离心式透平与轴流式透平。以R141b、R245fa、R365mfc、R600a和R601工质，利用数值模拟方法分析两种透平的气动性能。结果表明：以R601为工质的轴流式透平气动性能最好，等熵效率为82.5%；离心式透平的最高等熵效率为79.05%。

美国伯灵顿SoftlnWay公司提出了一种新型的气动性能预测方法，分析有机朗肯循环系统热经济性及离心式透平气动性能[83]。

荷兰代尔夫特理工大学Sebastian[84]以MM（$C_6H_{18}OSi_2$）为工质，研究了气动设计方法，并编写了与系统性能分析程序相结合的优化设计程序，以内燃机尾气余热为热源，分析了轴流式、向心和离心式三种透平的气动性能和循环热力性能。结果表明：向心式透平进口压力最大，等熵效率最高；离心式透平由于几何结构的限制，第一级设计速比小于最佳速比，造成效率下降；但是透平等熵效率高并不意味着循环经济性好，进口压力较低时，循环热经济性更好。

在国内，北京航空航天大学的刘菁[85]对某火箭低速、高负荷、大扭矩的单级涡轮原型机进行了改型设计，设计成了离心结构涡轮膨胀机，并进行了气动性能分析。上海理工大学黄典贵团队[86-92]对离心式透平一维气动设计、叶型优化、通流部件的几何设计和变工况性能进行了研究。本书探讨了单级跨音速和多级亚音速离心透平的气动优化设计、通流部件几何设计和变工况性能，为离心式透平应用于有机朗肯循环系统推广提供依据。

第 2 章

有机工质离心式透平的热力设计

离心式透平热功转换过程与轴流式透平和向心式透平热功转换过程有一定的联系和区别，本章引入径比的概念，对离心式透平级的能量转换过程进行热力学分析。结合有机工质特殊热物性，建立了适用于任意工质的单级和多级离心式透平的热力设计系统，分析了径比、速比和反动等参数对有机工质离心式透平轮周效率的影响，并以一维气动分析为基础，分析了变工况条件下离心式透平焓降、反动度和流量等热力参数变化规律，为离心式透平变工性能研究提供依据。

2.1 离心式透平工作原理

2.1.1 离心式透平基本结构

图 2.1 为离心式透平结构。图（a）为通流部分结构示意图，由进气道、静叶栅（喷嘴）、动叶栅、导向叶栅和蜗壳四部分组成；图（b）为剖面图。

工质在离心式透平中经进气管径向流入喷嘴叶栅，在喷嘴中压力和温度降低，速度增大，热能转换为动能；高速气流在动叶中继续加速和冲击叶片，产生冲动力和反动力，热能和动能最终转换为机械能以轴功的形式输出；工质在第一级叶栅膨胀做功后进入下一级，最末级动叶出口气流经导向叶栅改变方向，随后经蜗壳收集排气，完成热功转换。离心式透平级内气流从内径径向流入静叶，在级内做功后从动叶后流出，动叶平均直径大于静叶平均直径（$d_b > d_n$），即通流截面直径随着体积流量的增大而增大。

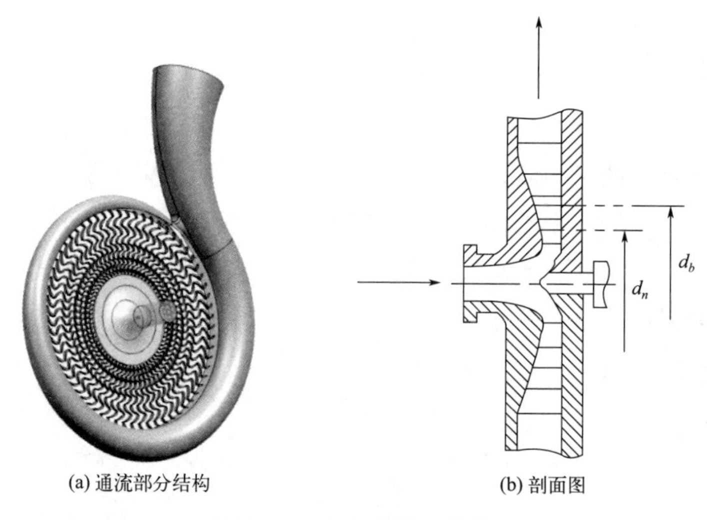

(a) 通流部分结构　　(b) 剖面图

图 2.1　离心式透平结构

2.1.2　离心式透平级的工作过程

本书借鉴轴流式透平级的工作原理分析方法，假设级内气流参数只沿流动方向变化并且不随时间变化，气流与外界没有热交换，级的工作过程为一维稳态绝热过程，说明了离心式透平级的工作原理。

图 2.2 所示为离心式透平级的热力过程线及速度三角形。图 2.2（a）中标注 0^* 点为喷嘴前气流初速度滞止为 0 的状态点。0^*-1 过程表示气流在喷嘴中的膨胀加速过程，整个热力过程为熵增过程，压力和温度下降，喷嘴出口压力和温度分别为 p_1、T_1；1-2 过程为工质在动叶中进一步加速膨胀和做功过程，动叶出口压力和温度分别为 p_2、T_2。工质在动叶做功后带有一定的余速动能通过排气蜗壳收集或者进入下一级叶栅。

0^*-1 热力过程中，热力状态参数和动叶进口速度三角形的计算见式（2.1）。

当喷嘴出口气流速度小于当地音速，流动未达到临界，喷嘴质量流量由出口速度和出口面积确定；如果气流在喷嘴出口速度超过当地音速，流动达到临界状态，气流在喷嘴中为跨音速流动，质量流量由喉部面积和当地音速确定。

$$
\begin{cases}
\text{质量守恒}: G=\rho_0 c_0 A_0=\rho_1 c_1 A_1 \sin\alpha_1 (\text{亚音速}) \\
G=\rho_0 c_0 A_0=\rho_{cr} c_{cr} A_{cr} (\text{超音速或跨音速}) \\
\text{能量方程}: h_0^* = h_{1t}+\dfrac{c_{1t}^2}{2} \quad \varphi = {c_1}/{c_{1t}} \\
\text{熵方程}: s=f(p,T) \\
\text{速度三角形}: w_1=\sqrt{c_1^2+u_1^2-2c_1u_1\cos\alpha_1},\ \sin\beta_1=\dfrac{c_1\sin\alpha_1}{w_1} \\
\text{假想速度}: c_a=\sqrt{2\Delta h_t^*} \\
\text{假想速比}: x_a=\dfrac{u_1}{c_a} \\
\text{圆周速度}: u=\dfrac{n\pi d}{60}
\end{cases}
\tag{2.1}
$$

式中，G 表示质量流量；A 为流通面积；ρ 为密度；c 为绝对速度；w 为相对速度；u 为圆周速度；α 为喷嘴出口角度；φ 为喷嘴速度系数；h 为焓值；p 为压力；T 为温度。下标 0 表示喷嘴进口，1 表示喷嘴出口。

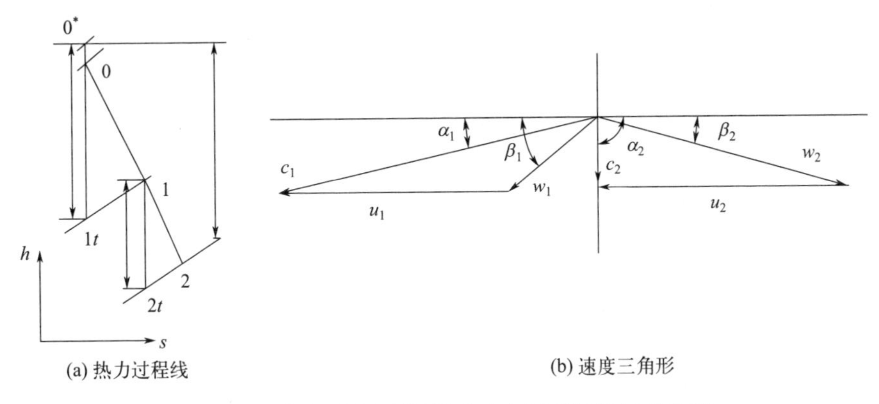

图 2.2　离心式透平级的热力过程线速度三角形

0^* 点表示级前蒸气初速度滞止为 0 状态；0 点表示级前蒸气状态点；1 点表示动叶进口蒸气状态点；2 点表示动叶出口蒸气状态点；1t 点表示静叶出口蒸气理想膨胀状态点；2t 表示动叶出口蒸气理想膨胀状态点；c_1- 表示动叶进口气流绝对速度；w_1- 表示动叶出口气流相对速度；u_1- 表示动叶进口直径处圆周速度；c_2- 表示动叶出口气流绝对速度；w_2- 表示动叶出口气流相对速度；u_2- 表示动叶出口直径处圆周速度；α_1- 表示动叶进口绝对气流角；β_1- 表示动叶进口相对气流角；α_2- 表示动叶出口绝对气流角；β_2- 表示动叶出口相对气流角

1-1 到 2-2 截面为气流在动叶中膨胀做功过程，气流在动叶中进行不同程度的膨胀，对动叶片产生冲动力和反动力，将动能转化为机械能通过轴功输出。动叶出口热力参数和速度三角形的计算见式（2.2）：

$$
\begin{cases}
\text{质量守恒方程}: G=\rho_1 w_1 A_1 \sin\beta_1=\rho_2 w_2 A_2 \sin\beta_2 \\
\text{滞止转焓守恒方程}: h_1+\dfrac{w_1^2}{2}-\dfrac{u_1^2}{2}=h_{2t}+\dfrac{w_{2t}^2}{2}-\dfrac{u_2^2}{2},\ \psi={w_2}/{w_{2t}} \\
\qquad\text{熵方程}: s=f(p,T) \\
\text{速度三角形}: \alpha_2=90°,\ c_2=\sqrt{w_2^2-u_2^2} \\
\qquad \mathrm{tg}\beta_2=\dfrac{c_2}{u_2} \\
\qquad \alpha_2\neq 90°,\ c_2=\sqrt{w_2^2+u_2^2-2w_2u_2\cos\beta_2} \\
\qquad \alpha_2=\arcsin\left(\dfrac{w_2\sin\beta_2}{c_2}\right) \\
\text{径比}: b=\dfrac{d_2}{d_1} \\
\text{扩张角}: \tan\gamma=\dfrac{H_2-H_1}{d_2-d_1} \\
\text{反动度}: \Omega=\dfrac{\Delta h_b}{\Delta h_t^*},\ \Omega_i=\dfrac{u_1^2-u_2^2}{\Delta h_t^*}
\end{cases}
\tag{2.2}
$$

式中，β 为气流相对角度；ψ 为动叶速度系数；γ 为扩张角；H 为叶片高度；d 为直径；Ω 为反动度；b 为径比；下标 2 表示动叶出口。

在公式中定义了径比、反动度和扩张角。径比表示动叶出口直径与进口直径之比，由于离心式透平级内气流流动方向由内径向外径流动，径比大于 1。动叶出口圆周速度大于动叶进口圆周速度 $u_2>u_1$，离心力的惯性作用使气流被压缩，其物理意义为气流由于惯性力被压缩而消耗的膨胀功。在本书中定义为惯性反动度 Ω_i，见式（2.2）。反动度为气流在动叶焓降与级的理想滞止焓降的比值，而级的总反动度为传统定义的反动度与惯性反动度之差 $\Omega_t=\Omega-\Omega_i$。

扩张角表示的物理意义为叶高沿着径向的变化与叶片径向弦长的比，是确定子午面流道的重要参数。扩张角越大，二次流损失越大。本书设计的离心式透平全部为等叶高，扩张角为 0。

根据欧拉方程，级的轮周功表达式见式（2.3），式中及本节以下所用公式的表达均为单位质量，焓降即工质比焓降。

$$p_u = \frac{1}{2}[(c_1^2 - c_2^2) + (u_1^2 - u_2^2) + (w_2^2 - w_1^2)] \tag{2.3}$$

级轮周效率表达式见式（2.4），透平为单级时，余速利用系数为 0；透平为多级时，最末级余速利用系数为 0，其它级的余速利用系数取 1。

$$\begin{cases} \eta_u = \dfrac{\frac{1}{2}[(c_1^2 - c_2^2) + (u_1^2 - u_2^2) + (w_2^2 - w_1^2)]}{\Delta h_{\mathrm{t}}^*}, N=1 \\ \eta_u = \dfrac{\frac{1}{2}[(c_1^2 - c_2^2) + (u_1^2 - u_2^2) + (w_2^2 - w_1^2)]}{\Delta h_{\mathrm{t}}^* - \mu c_2^2 / 2}, N>1 \end{cases} \tag{2.4}$$

轮周效率［式（2.4）］中的速度通过式（2.1）和式（2.2）中无量纲参数反动度、速度系数、速比和径比以及喷嘴出口气流角来表示，无余速利用轮周效率可表达为式（2.5），有余速利用的轮周效率可表达为式（2.6）。

$$\eta_u = 2\varphi \cos\alpha_1 x_a \sqrt{(1-\Omega)} - 2b^2 x_a^2 + 2\psi \cos\beta_2 b x_a \sqrt{b^2 x_a^2 + \Omega + \varphi^2(1-\Omega) - 2\varphi\cos\alpha_1 x_a \sqrt{1-\Omega}} \tag{2.5}$$

$$\eta_u = \frac{2\left[\varphi\cos\alpha_1 x_a\sqrt{1-\Omega} - b^2 x_a^2 + \psi\cos\beta_2 b x_a \sqrt{b^2 x_a^2 + \Omega + \varphi^2(1-\Omega) - 2\varphi\cos\alpha_1 x_a\sqrt{1-\Omega}}\right]}{1 - b^2 x_a^2 \sin^2\beta_2 - \left[\psi\sqrt{b^2 x_a^2 + \Omega + \varphi^2(1-\Omega) - 2\varphi\cos\alpha_1 x_a\sqrt{1-\Omega}} - \cos\beta_2 b x_a\right]^2} \tag{2.6}$$

2.2

离心式透平热力设计

2.2.1 离心式透平轮周效率影响因素

由上节轮周效率［式(2.6)］可知，等叶高离心式透平轮周效率与喷嘴速度系数 φ、动叶速度系数 ψ、径比 b、速比 x_a、反动度 Ω、喷嘴出口气流角 α_1 和动叶出口气流角 β_2 六个参数有关。本节借鉴轴流透平和向心透平的设计经验对 6 个参数进行简要分析。

(1) 喷嘴速度系数，φ

喷嘴速度系数表示喷嘴出口实际速度与理想速度的比值，表示气流在喷嘴中的流动损失。轴流式透平和向心式透平的速度系数主要通过试验确定，叶高为影响喷嘴速度系数的主要参数。离心式透平的设计处于起步阶段，没有试验和经验数据参考。本节根据轴流式气轮机的喷嘴速度系数取值经验选取喷嘴速度系数，设计离心式透平动静叶高均大于 15mm，喷嘴速度系数直接选取 $\varphi=0.97$[93]。

(2) 动叶速度系数，ψ

动叶速度系数表示动叶出口实际速度与理想速度的比值。反动度是影响动叶速度系数的重要因素之一，反动度越大，气流在动叶中的流动效率越高，动叶速度系数越大。考虑反动度对动叶速度系数的影响，速度系数取值范围为 0.93 ～ 0.95。

(3) 喷嘴出口气流角，α_1

喷嘴出口气流角越小，周向分速度越大，透平做功能力越强，但是喷嘴出口气流角过小影响通流能力，无法满足流量守恒的要求。本节喷嘴出口气流角取值范围为 12°～ 25°。

（4）动叶出口气流角，$\boldsymbol{\beta}_2$

动叶出口气流角与叶片高度变化大小有关，动叶出口气流角越小，轴向做功能力越强。根据动叶进出口质量流量守恒方程，动叶出口气流角 β_2 也可用无量纲参数进行表示，见式（2.7）。

$$
\begin{aligned}
\sin\beta_2 &= \frac{\rho_1 c_1 H_1 d_1 \sin\alpha_1}{\rho_2 w_2 H_2 d_2} \\
&= \frac{\rho_1 c_1 H_1 d_1 \sin\alpha_1}{\rho_2 w_2 d_2\left[(d_2 - d_1)\tan\gamma + H_1\right]} \\
\rho_1 &= f(p_1, T_1) = f(\Delta h_t^*, \Omega) \\
c_1 &= f(\Delta h_t^*, \Omega, \varphi) \\
\rho_2 &= f(p_2, T_2) = f(\Delta h_t^*, \Omega, \psi) \\
w_2 &= f(\Delta h_t^*, \Omega) \\
d_1 &= f(x_a, n) \\
H_1 &= f(\rho_1, c_1, \alpha_1, d_1) = f(\Delta h_t^*, \Omega, x_a, n, \alpha_1, \varphi) \\
H_2 &= f(\gamma, H_1, d_1) = f(\Delta h_t^*, \Omega, x_a, n, \alpha_1, \gamma) \\
\sin\beta_2 &= f(\Delta h_t^*, \Omega, x_a, n, \alpha_1, \gamma, \varphi, \psi)
\end{aligned}
\tag{2.7}
$$

动叶出口气流角 β_2 为一中间参数，当设计热力参数和转速给定时，动叶出口气流由反动度、喷嘴出口气流角、动静叶速度系数、速比、径比和叶片扩张角 6 个参数确定。因此，动叶出口气流角不能作为优化参数，只能作为约束条件，本节动叶出口气流角取值范围为 65°～ 75°。

由上述分析可知，影响级的轮周效率的主要因素中喷嘴出口气流角变动较小，动叶出口气流角为约束条件，而动静叶速度系数主要与叶型设计相关。因此，影响离心式透平气动布局设计和性能的主要参数为径比、速比和反动度。

2.2.2　速比对气动性能的影响

本节参考文献中以R123为工质的330kW离心式透平热力参数，见表2.1，将其设计为单级离心式透平，分析了有机工质离心式透平的主要参数径比、反动度和速比对级的轮周效率的影响规律，为有机工质离心式透平气动布局优化设计提供参考。

有机工质为实际气体，不能利用完全气体状态方程计算热力状态参数。美国NIST的软件REFPROP9.0提供了满足工业计算要求的有机工质物性数据库，利用MATLAB编写了一维气动优化设计程序，并且将物性查询软件REFPROP 9.0嵌入设计程序中，通过编程可自动调用该软件里面所有工质的物性参数，适用于任意工质。

表2.1　透平热力参数[90]

热力参数	数值
工质	R123
透平进口压力 /MPa	0.78564
透平进口温度 /K	373.23
质量流量 /（kg/s）	12.4
冷凝温度 /K	303
冷凝压力 /MPa	0.11
焓降 /（kJ/kg）	33.12
透平输出功 /kW	330
转速 /rpm	10000

根据上节分析，选择静叶速度系数取定值 φ=0.97，动叶速度系数仅考虑反动度的影响，简单拟合为关于反动度的一次函数 ψ=0.92+0.05Ω，静叶出口气流角 α_1=12°，扩张角 γ=0，动叶出口气流角65°～75°为约束条件。研究了径比和速比对级的轮周效率的影响。

首先研究了速比对级轮周效率的影响，给定径比 b=1.15，绘制出反动度Ω取值范围为0～0.6时，轮周效率随着速比变化的曲线，见图2.3。结果表明：不同反动度下，轮周效率均随着速比的增大先增大后减小，存在一个最佳速比使得轮周效率最高，最佳速比值随着反动度的增大而增大。反动度越大，轮周效率随速比变化曲线越平坦，即轮周效率随着速比的变化越来越不敏感。

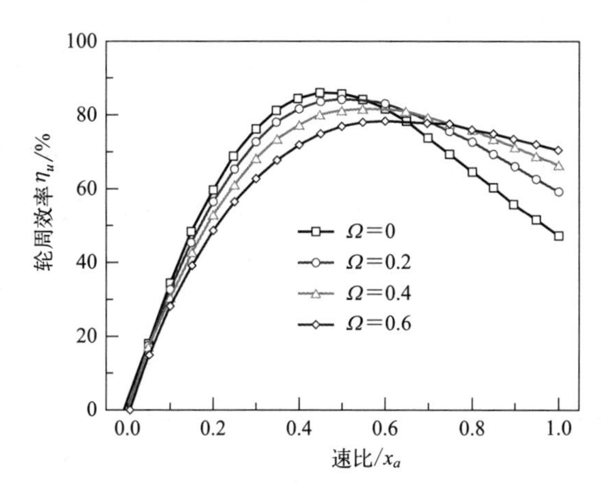

图 2.3 轮周效率随速比变化曲线

图 2.4 表示最佳速比随反动度的变化规律。在给定焓降和转速时，反动度越大最佳速比也越大。意味着在给定焓降时，级的反动度越大轮周效率峰值对应的最佳圆周速度越大，级的平均直径也越大。同时也说明在给定直径时，反动度越大级的做功能力越小。

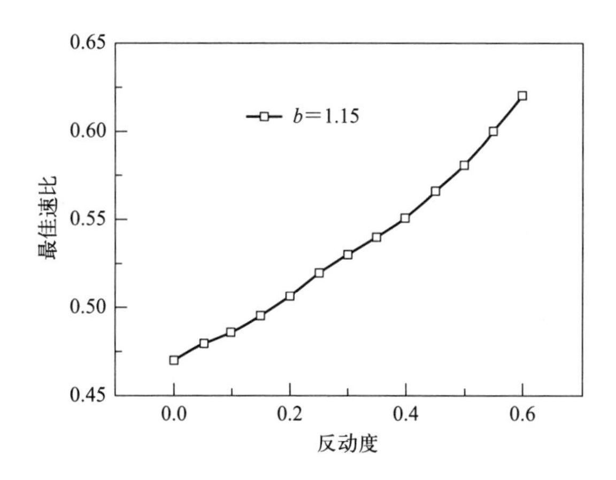

图 2.4 最佳速比随反动度变化曲线

2.2.3 径比对气动性能的影响

径比是离心式透平的一个重要设计参数，也是离心式透平工作原理不同于轴流和向心式透平的根本原因。离心式透平径比增大，气流在膨胀过程中随着径比增大而通流截面旋成面直径增加，可以减小叶片扩张角，减小叶顶二次流损失；但是径比过大，动叶进出口圆周速度变化越大，惯性力对气流的压缩作用越大。

径比取值同时要考虑几何结构的特性，当级的平均直径较小时，径比太小，叶片宽度过小，负荷分配难度大；当平均直径较大，可适当减小径比进而减小透平整体结构尺寸。本节通过给定反动度和速比，研究了径比对级的轮周效率的影响。

图 2.5 表示在不同的反动度下，级的轮周效率随径比的变化规律。不同反动度下，级的轮周效率均随着径比的增大先增大后减小，存在一个最佳径比使得轮周效率最高。图 2.6 表示不同的反动度下，最佳径比随着反动度的变化曲线。在给定反动度和速比，优选轮周效率最高所对应的最佳径比，可以得到其变化规律。最佳径比值随着反动度的增大而增大，即最佳叶片宽度随着反动度增大而增大。

反动度越大，最佳速比和最佳径比值也越大，意味着离心式透平的最佳平均直径和叶宽较大。在给定的焓降和转速条件下，速比越大意味着动叶进口直径越大；径比越大，叶片径向弦长越大即叶宽越大。

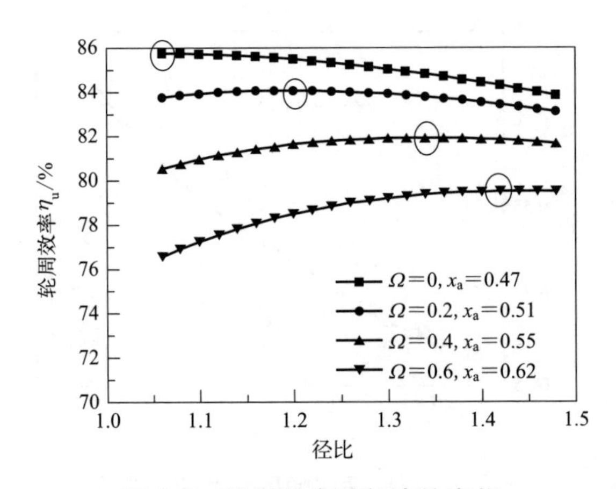

图 2.5 轮周效率随径比的变化

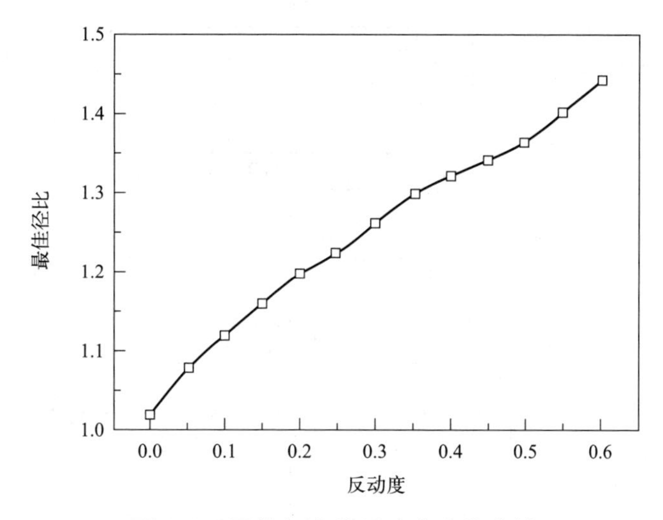

图 2.6　最佳径比随反动度变化曲线

由图 2.3 ～图 2.6 的分析可知：有机工质离心式透平级的反动度越大，轮周效率峰值对应的直径和叶宽越大。

2.2.4　离心式透平热力设计流程

根据上节影响级轮周效率的主要因素分析结果，作者编写了一维热力优化设计程序，并且通过二次开发，将热物性参数软件 REFPROP 9.0 嵌入开发设计程序中，调用该软件中工质的物性参数，程序能够实现任意工质的单级和多级离心式透平一维气动优化设计。

图 2.7 表示离心式透平的气动设计流程，优化目标为轮周效率，优化参数为径比、速比和反动度。首先给定透平的热力参数：透平进口总温总压 p_0^*,T_0^*，透平出口背压 p_c，透平转速 n，透平级数 N，工质质量流量 G。

优化设计步骤为：假定第一级焓降，通过筛选法改变速比和径比，以级轮周效率为目标进行第一级的优化设计，确定第一级的速比、径比和反动度；第一级优化设计的基础上，优化各级径比、速比和反动度，以最末级出口压力值与给定出口压力相差在 10^{-6} 之内为判断条件，迭代第一级焓降完成优化设计，确定各级的热力参数和几何参数。

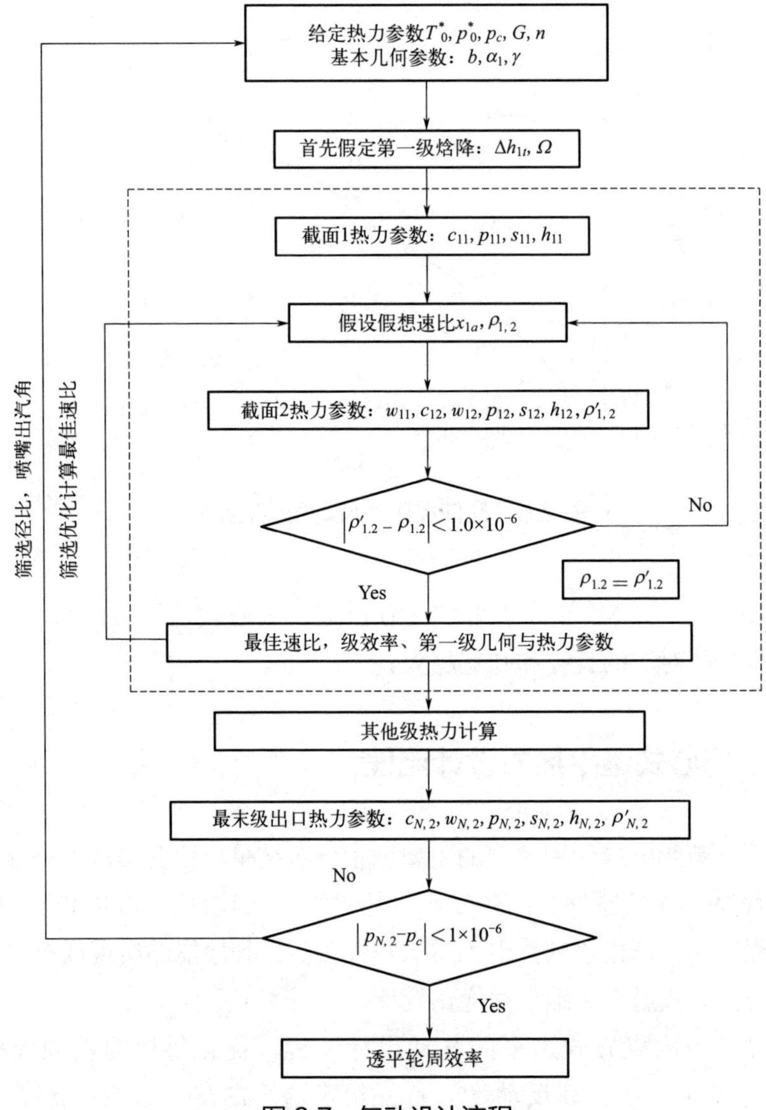

给定热力参数T_0^*, p_0^*, p_c, G, n
基本几何参数：b, α_1, γ
首先假定第一级焓降：$\Delta h_{1t}, \Omega$
截面1热力参数：$c_{11}, p_{11}, s_{11}, h_{11}$
假设假想速比$x_{1a}, \rho_{1,2}$
截面2热力参数：$w_{11}, c_{12}, w_{12}, p_{12}, s_{12}, h_{12}, \rho'_{1,2}$
$|\rho'_{1.2}-\rho_{1.2}|<1.0\times10^{-6}$
No
$\rho_{1.2}=\rho'_{1.2}$
Yes
最佳速比，级效率、第一级几何与热力参数
筛选优化计算最佳速比
筛选径比，喷嘴出汽角
其他级热力计算
最末级出口热力参数：$c_{N,2}, w_{N,2}, p_{N,2}, s_{N,2}, h_{N,2}, \rho'_{N,2}$
No
$|p_{N,2}-p_c|<1\times10^{-6}$
Yes
透平轮周效率

图 2.7　气动设计流程

2.3

离心式透平变工况条件下热力参数变化规律

离心式透平在给定的热力参数和转速进行对其一维热力设计的方法和流程如图 2.7 所示。但是在实际工作过程中，工况受冷热源和负荷变化的影响，透平实际运行的热力参数进口压力温度以及冷凝压力会偏离设计工况。级的焓降、反动度和流量等均会随之变化，本节研究了变工况条件下离心式透平焓降、反动度和流量随热力参数的变化规律。

2.3.1 离心透平级内焓降变化规律

离心式透平以完全气体为工质时，基于完全气体状态方程和等熵方程，可得到级的焓降表达式见式（2.8）。式中绝热指数 k 为常数，只与工质种类有关，不随热力状态变化。在级的进口温度不变时，理想焓降是膨胀比的单值函数。以完全气体为工质，离心式透平的焓降与轴流和向心式透平焓降变化规律相同，随着级的进口温度增大而增大，随着膨胀比的增大而增大。

$$\begin{cases} \Delta h_{\mathrm{t}} = \dfrac{k}{k-1} R T_0^* \left[1 - \left(\dfrac{p_2}{p_0^*} \right)^{\frac{k-1}{k}} \right] \\ \Delta h_{\mathrm{t1}} = \dfrac{k}{k-1} R T_{01}^* \left[1 - \left(\dfrac{p_{21}}{p_{01}^*} \right)^{\frac{k-1}{k}} \right] \end{cases} \tag{2.8}$$

有机工质的热物性与完全气体有明显的区别，其内能和焓值不是温度的单值函数，同时还与压力有关，比热容及比热比会随着压力和温度改变。以有机物为工质，透平级内的焓降变化规律也会与以完全气体为工质有一定的区别，本文以 R123 为代表工质分析了有机工质比热比的变化规律，进而分析有机工质离心式透平级内焓降的变化规律。

图 2.8 和图 2.9 表示工质 R123 的比热容（C_p,C_v）随着压力和温度的变化规律。图中横坐标表示温度，纵坐标表示比热容（C_p,C_v）值。曲线表示过热状态下，比热容随着温度和压力的变化，曲线的起点为工质在给定压力下为饱和气态时的比热容。给定压力下，比热容（C_p,C_v）值随着温度升高

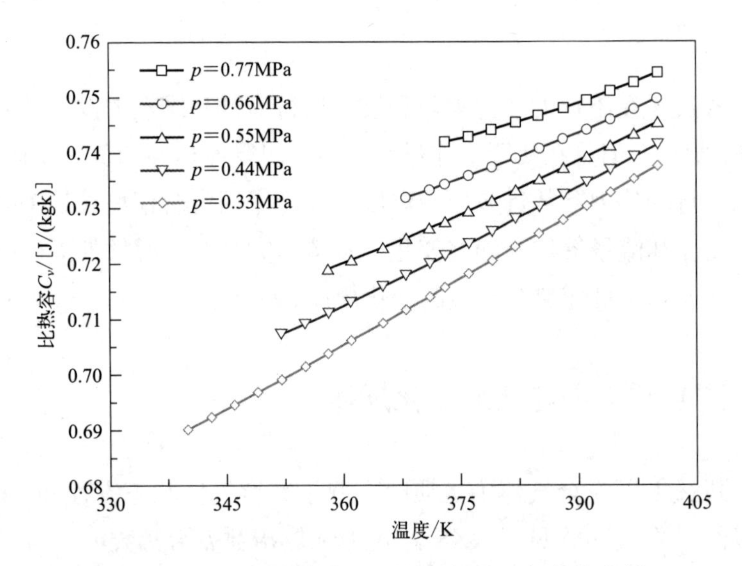

图 2.8 R123 比热容 C_v 随温度和压力变化曲线

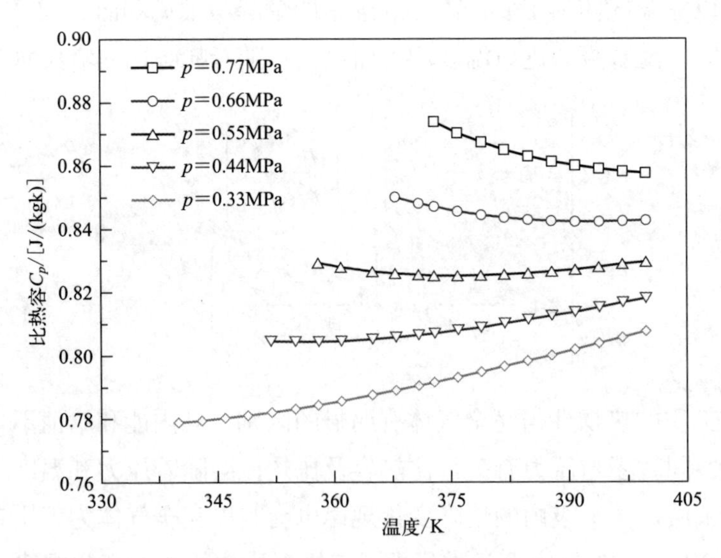

图 2.9 R123 比热容 C_p 随温度和压力变化曲线

即过热度的增大而逐渐增大，但是在压力较高时，比热容（C_p）随着温度的升高而逐渐减小。给定温度下，压力对比热容（C_p,C_v）值有一定的影响，压力越大，比热容（C_p,C_v）值越大。

比热容随着温度和压力变化，比热比也会随之变化，图 2.10 表示了变工况条件下，R123 的比热比随着温度和压力的变化规律。在相同的温度下，压力越大，比热比越大。

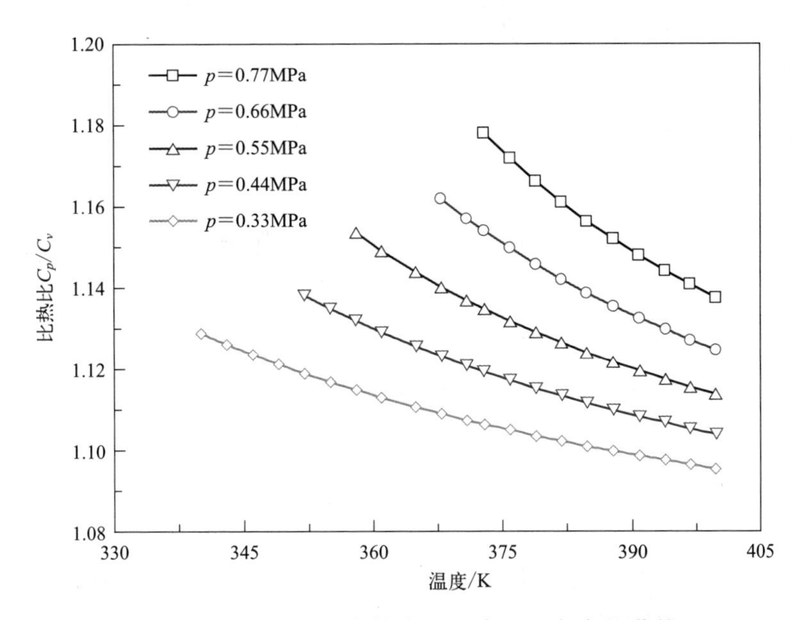

图 2.10　R123 的比热比随温度和压力变化曲线

由完全气体的研究规律可知，离心式透平级的焓降、流量与压力的变化均与比热比有关。有机工质的比热比不是定值，而是与热力状态相关的参数，说明在变工况条件下，有机工质的热物性对变工况性能有一定的影响。

图 2.11 是以 R123 为工质，膨胀比为 2 ～ 7 时，级的焓降随膨胀比的变化规律，图中曲线表示以完全气体性质计算焓降与 REFPROP9.0 中焓降对比，随着工质的状态参数越接近饱和点，以完全气体计算焓降与实际焓降相比偏差越大。

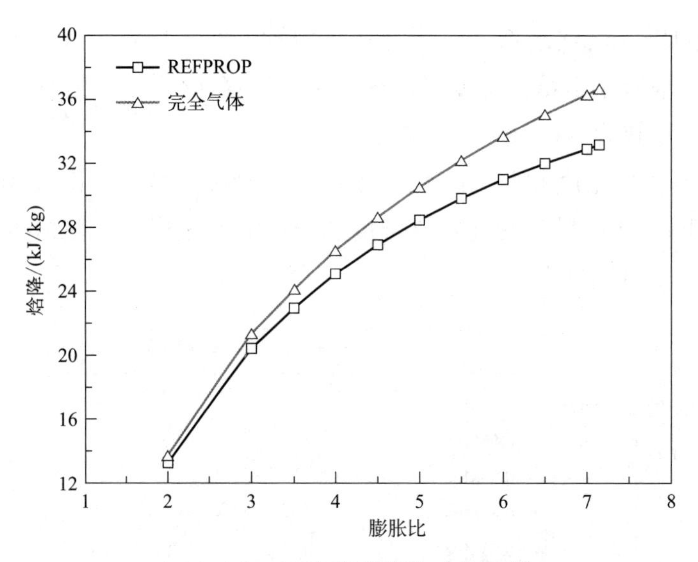

图 2.11　焓降随膨胀比变化曲线

2.3.2　离心式透平级内反动度变化规律

2.3.2.1　离心式透平级的反动度变化估算公式

给定离心式透平转速时，动叶进口圆周速度（u_1）不变。级的焓降（Δh_t^*）变化时，级的速比（$x_a = u_1 \Big/ \sqrt{2\Delta h_t^*}$）随着焓降变化，反动度也会随之变化。根据 2.1.2 节的分析可知，离心式透平级的反动度可分为惯性反动度（由于动叶出口圆周速度大于进口圆周速度而对气流产生的压缩）和气动反动度（动叶中和焓降与级的理想焓降的比值，与轴流式透平反动度定义相同）。因此离心式透平反动度变化需考虑由于径比而产生的惯性反动度对总反动度的影响。

借鉴轴流式透平反动度的估算方法[94]，分析离心式透平反动度变化规律。首先对变工况前后级内流动进行简化假设：

① 级内通流面积不变，$A_n = A_{n1}, A_b = A_{b1}$。

② 静叶和动叶出口气流角不变，$\alpha_1 = \alpha_{11}, \beta_2 = \beta_{21}$。

③ 静叶和动叶速度系数保持常数，$\varphi = \text{const}, \ \psi = \text{const}$。

④ 忽略级内漏气和余速动能的影响。

变工况前后动静叶出口截面的连续性方程为：

$$
\begin{aligned}
G &= A_n c_{1s} \rho_{1s} \sin\alpha_1 = A_b w_{2s} \rho_{2s} \sin\beta_2 \\
G_1 &= A_{n1} c_{1s1} \rho_{1s1} \sin\alpha_{11} = A_{b1} w_{2s1} \rho_{2s1} \sin\beta_{21}
\end{aligned} \tag{2.9}
$$

假设 $\rho_{2s}/\rho_{1s} \approx \rho_{2s1}/\rho_{1s1}$，可以得到：

$$
\frac{c_{1s}}{w_{2s}} = \frac{c_{1s1}}{w_{2s1}} \tag{2.10}
$$

根据离心式透平级的速度三角形计算式（2.11），可以得到式（2.12）。

$$
\begin{aligned}
c_{1s}^2 &= (1-\Omega)c_a^2 \\
w_{2s}^2 &= \Omega c_a^2 + w_1^2 + u_2^2 - u_1^2 \\
&= \Omega c_a^2 + b^2 x_a^2 c_a^2 + \varphi(1-\Omega)c_a^2 - 2x_a c_a \varphi\sqrt{1-\Omega}c_a \cos\alpha_1
\end{aligned} \tag{2.11}
$$

$$
\frac{c_{1s}^2}{w_{2s}^2} = \frac{(1-\Omega)}{\Omega + b^2 x_a^2 + \varphi(1-\Omega) - 2x_a\varphi\sqrt{1-\Omega}\cos\alpha_1} \tag{2.12}
$$

同理可得，在变工况下：

$$
\frac{c_{1s1}^2}{w_{2s1}^2} = \frac{(1-\Omega_1)}{\Omega_1 + b^2 x_{a1}^2 + \varphi(1-\Omega_1) - 2x_{a1}\varphi\sqrt{1-\Omega_1}\cos\alpha_1} \tag{2.13}
$$

令变工况时，反动度和速比分别表示为设计值与增量之和，表达式见式（2.14）。

$$
\begin{aligned}
\Omega_1 &= \Omega + \Delta\Omega \\
x_{a1} &= x_a + \Delta x_a
\end{aligned} \tag{2.14}
$$

根据牛顿二项式，将 $\sqrt{1-\Omega_1}$ 展开，并取前两项可得：

$$
\sqrt{1-\Omega_1} = \sqrt{1-\Omega}\left(1 - \frac{1}{2}\frac{\Delta\Omega}{1-\Omega}\right) \tag{2.15}
$$

可得离心式透平反动度变化估算公式：

$$\frac{\Delta\Omega}{1-\Omega}=\frac{\left(2\varphi\cos\alpha_1 x_a\sqrt{1-\Omega}-2x_a^2 b^2\right)\dfrac{\Delta x_a}{x_a}-b^2x_a^2\left(\dfrac{\Delta x_a}{x_a}\right)^2}{b^2x_a^2-x_a\varphi\cos\alpha_1\sqrt{1-\Omega}+1} \tag{2.16}$$

反动度变化估算式（2.16）同时适用于轴流和离心式透平。当动叶进出口直径相等，径比 b=1 时为轴流式透平反动度变化估算公式；径比 $b>1$ 为离心式透平反动度变化估算公式。由式（2.16）可知：工况变动时，离心式透平级的反动度增量是关于设计速比 x_a、设计反动度 Ω、径比 b 和速比增量 Δx_a 四个参数的函数。设计速比、设计反动度和径比在变工况条件下为定值，反动度增量仅随速比增量 Δx_a 变化。透平转速为定值时，级的速比与焓降的平方根成反比，速比改变即说明级的理想焓降改变，式（2.16）可进一步表示反动度随着焓降的变化规律。

2.3.2.2 离心式透平级的反动度随速比变化曲线

给定设计速比为 0.5，设计反动度分别选取为 0.1、0.25 和 0.4，得到在不同径比下，反动度随速比的变化规律，即反动度随焓降的变化规律。图 2.12 ～图 2.14 表示设计反动度为 0.1、0.25 和 0.4 时，速比增量的变化范围为 $-0.2\leqslant\Delta x_a\leqslant 0.3$ 时，级的反动度随着速比的变化规律。

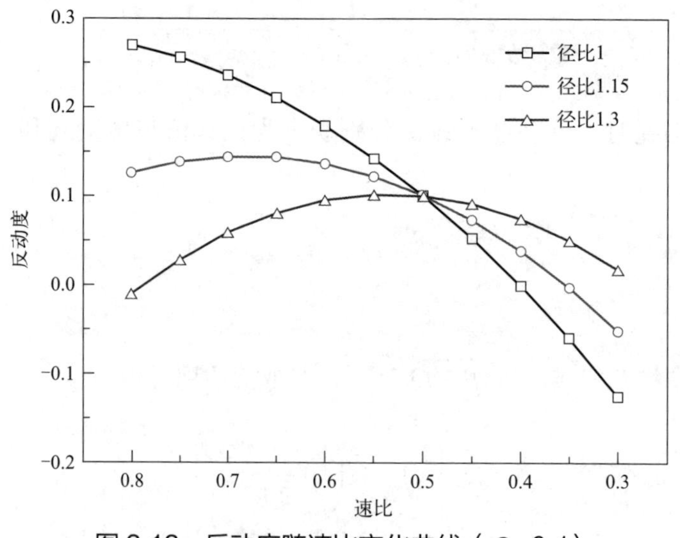

图 2.12　反动度随速比变化曲线（Ω=0.1）

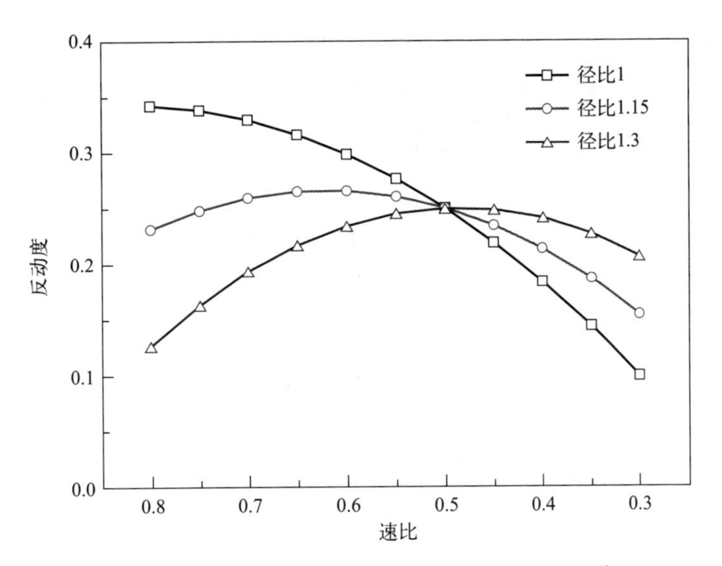

图 2.13　反动度随速比变化曲线（Ω=0.25）

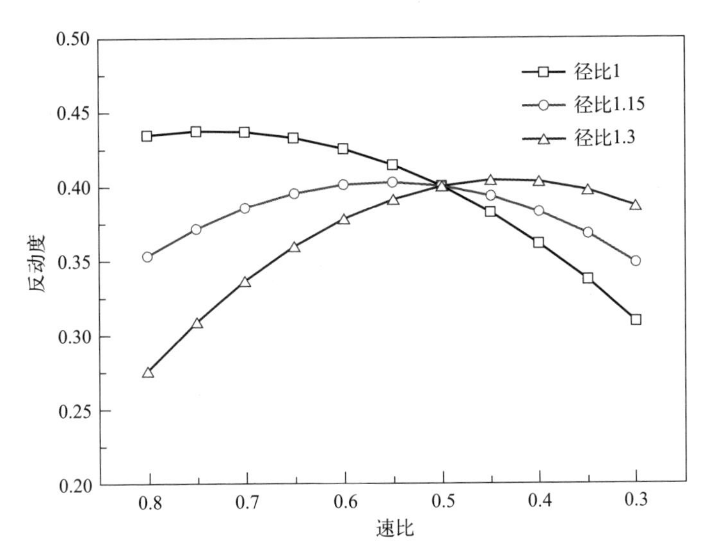

图 2.14　反动度随速比变化曲线（Ω=0.4）

在不同的设计反动度下，反动度随着速比的变化呈现相同的趋势。在径比等于 1 时（轴流式透平），反动度随着速比减小（焓降增大）而减小，且随着速比减小，反动度的变化逐渐急剧；在径比大于 1 但是径比较小时，离心式透平级的反动度随着速比减小先增大后减小；随着径比越大，反动度随着速比减小（焓降增大）而增大的变工况范围越大；径比大于一定值时，反动度随着速比减小（焓降增大）而增大。给定径比时，设计反动度越大，反动度随着速比减小（焓降增大）而增大的变工况范围越大。离心式透平级的设计反动度和径比越大，与轴流透平反动度随焓降的变化规律相反的变工况范围越大。

研究反动度变化计算公式时，假设了动静叶出口气流角不变。在实际变工况条件下，动静叶出口气流角和工质密度比也会发生变化，因此式（2.16）在工况偏离设计工况太多或者出现大分离流动时，气流角变化过大，估算会产生误差。

2.3.3 离心式透平级流量随着热力参数的变化规律

级的流量随着热力参数的变化规律与级内流动状态有关。级内流动分为临界状态和非临界状态，根据两种流动状态，开展了级的流量随着热力参数的变化规律研究。

2.3.3.1 临界状态，级的流量与压力的关系

变工况前后，当离心式透平级内流动在喷嘴中达到临界时，级的流量等于喷嘴流量，喷嘴的流量与压力温度的关系见式（2.17）。变工况前后，喷嘴内流动均达到临界状态，以完全气体为工质时，比热比 k 为定值，则流量的变化可用式（2.18）表示。如果气流在动叶内达到临界状态时，该公式同样满足级的流量与压力的关系。

无论级内流动是在喷嘴内还是在动叶内达到临界状态，级的流量均与级前压力成正比，级前温度的平方根成反比，与背压无关。级前温度不变，或者忽略级前温度变化对流量的影响时，级的流量与级前压力成正比，见式（2.19）。该规律与轴流透平流量随着热力参数的变化规律相同。

$$
\begin{aligned}
G_{cr} &= A_n\sqrt{k\left(\frac{2}{k+1}\right)^{\frac{k+1}{k-1}}}\ \frac{p_0^*}{RT_0^*} \\
G_{cr1} &= A_{n1}\sqrt{k_1\left(\frac{2}{k_1+1}\right)^{\frac{k_1+1}{k_1-1}}}\ \frac{p_{01}^*}{RT_{01}^*}
\end{aligned}
\tag{2.17}
$$

$$\frac{G_{cr1}}{G_{cr}}=\frac{p_{01}^*}{p_0^*}\sqrt{\frac{T_0^*}{T_{01}^*}} \tag{2.18}$$

$$\frac{G_{cr1}}{G_{cr}}=\frac{p_{01}^*}{p_0^*} \tag{2.19}$$

2.3.3.2 非临界状态，级的压力与流量的关系

离心式透平级内流动在喷嘴和动叶中均为非临界状态时，忽略动静叶之间漏气的影响，级内流量可用喷嘴流量表示，变工况前后喷嘴出口流量方程为：

$$\begin{aligned}G&=A_n\frac{p_0^*}{\sqrt{RT_0^*}}\sqrt{k\left(\frac{2}{k+1}\right)^{\frac{k+1}{k-1}}}\sqrt{1-\left(\frac{p_2-p_{cr}}{p_0-p_{cr}}\right)^2}\frac{v_{2t}}{v_{1t}}\sqrt{1-\Omega}\\G_1&=A_{n1}\frac{p_{01}^*}{\sqrt{RT_{01}^*}}\sqrt{k\left(\frac{2}{k+1}\right)^{\frac{k+1}{k-1}}}\sqrt{1-\left(\frac{p_{21}-p_{cr1}}{p_{01}-p_{cr1}}\right)^2}\frac{v_{2t1}}{v_{1t1}}\sqrt{1-\Omega_1}\end{aligned} \tag{2.20}$$

有机工质比热比随着热力状态变化，因此有机工质离心式透平级的流量与热力参数的关系可借鉴完全气体临界状态流量与热力参数的关系，见式（2.17），考虑有机工质比热比 C_p/C_v 随温度和压力的变化，比热比 k 分别取变工况前后的比热比，即 k 为变工况前级的进口温度和压力下工质的 C_p/C_v 值，k_1 为变工况后级的进口温度和压力下工质的对应 C_p/C_v 值，建立了有机工质离心式透平变工况条件下流量与热力参数的关系估算公式，见式（2.21）。

$$\frac{G_{cr1}}{G_{cr}}=\sqrt{\frac{k_1\left(\frac{2}{k_1+1}\right)^{\frac{k_1+1}{k_1-1}}T_0^*}{k\left(\frac{2}{k+1}\right)^{\frac{k+1}{k-1}}T_{01}^*}}\frac{p_{01}^*}{p_0^*} \tag{2.21}$$

引入不同的工况下工质的比热比 C_p/C_v 代替 k 和 k_1，得到有机工质离心式透平在非临界状态下，级的流量与热力参数的关系式，见式（2.22）。

$$\frac{G_1}{G}=\sqrt{\frac{p_{01}^2-p_{21}^2}{p_0^2-p_2^2}}\sqrt{\frac{1-\Omega_{m1}}{1-\Omega_m}}\sqrt{\frac{T_0}{T_{01}}}\sqrt{k_1\left(\frac{2}{k_1+1}\right)^{\frac{k_1+1}{k_1-1}}}\Bigg/\sqrt{k\left(\frac{2}{k+1}\right)^{\frac{k+1}{k-1}}} \tag{2.22}$$

本书作者设计了以 R123 为工质的 330kW 单级和三级离心式透平 [90]，利用数值模拟方法研究了其变工况特性得到了流量随着热力参数的变化规律。本节利用式（2.21）和式（2.22）流量计算方法与文献中数值模拟结果进行了对比。

图 2.15 为文献中有机工质的单级跨音速离心式透平在临界状态下流量变化曲线图。有机工质单级跨音速离心式透平在进口温度和背压不变时，在进口压力从 0.33MPa 增大到 0.785MPa 时，级内流动在动叶内达到临界。利用直接借鉴完全气体式（2.18）计算流量随着进口压力的变化，结果表明与数值模拟结果有一定偏差，而考虑了有机工质的物性，利用式（2.21）的理论计算结果与数值模拟结果基本吻合，见图 2.15。

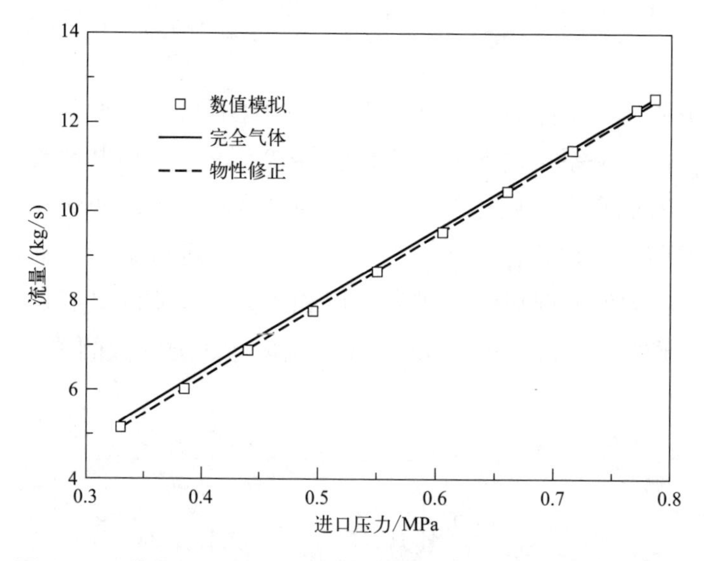

图 2.15 临界工况下，级的质量流量随进口压力的变化曲线

图 2.16 为文献中 330kW 三级离心式透平在进口温度和级组背压不变时，级组进口压力从 0.33MPa 增大到 0.785MPa 时，级组内流动为非临界状态时，第一级进口压力和背压均随之变化，利用数值模拟方法得到流量随着进出口

压力的变化与采用式（2.24）计算结果对比，数值模拟结果落在理论计算曲线上，见图 2.16。

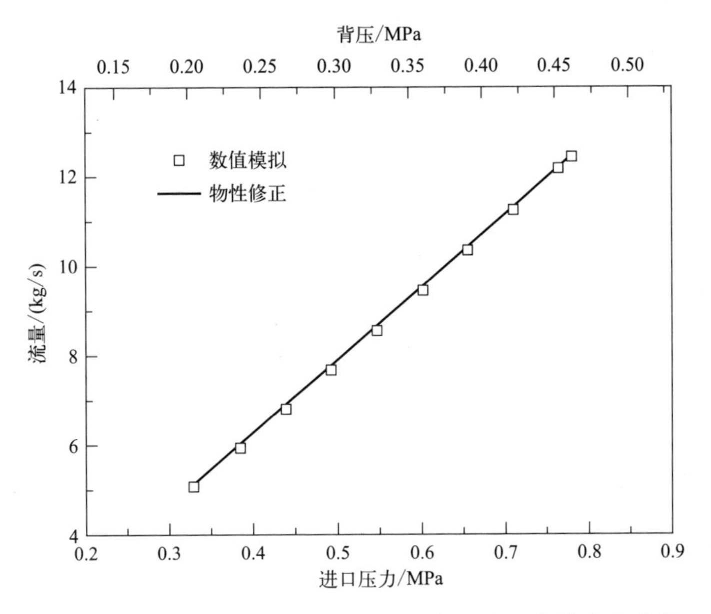

图 2.16　非临界工况下，级的质量流量随压力的变化曲线

有机工质离心式透平级内气流无论是在喷嘴中达到临界还是在动叶中达到临界，级的流量均随着进口压力线性变化。完全气体状态方程不适用于有机工质，直接借鉴完全气体级的流量与热力参数的关系来研究有机工质离心式透平级的流量变化有一定偏差；考虑有机工质比热比随温度和压力的变化，对完全气体流量变化计算公式进行修正，可以定量计算流量随着热力参数的变化。

综上可知：离心式透平级内流动达到临界状态时，级的流量只与进口热力参数有关，与出口背压无关；非临界状态下，级的流量不仅与级的进口热力参数有关，还与级的背压和反动度变化有关。有机工质离心式透平级内流量与热力参数的关系要考虑有机工质热物性随工况的变化，引入 C_p/C_v 修正绝热指数 k 值，得到理论分析结果与数值模拟结果基本吻合。

2.4 本章小结

离心式透平是一种新型的膨胀机，其通流截面直径随着流体的膨胀而增大，具有气动与几何相匹配的特征。本章研究了有机工质离心式透平级的工作原理，并分析了影响气动性能的主要参数。主要包括以下内容。

① 引入径比的概念，研究了离心式透平级的工作原理。基于一维气动分析，研究了离心式透平级的工作原理，得到了影响级的气动性能的主要参数。结合有机工质的物性特征，研究了径比、速比和反动度对级的轮周效率的影响。结果表明：给定径比时，不同反动度下级的轮周效率随着速比的增大先增大后减小，存在最佳速比，使得级的轮周效率最高。最佳速比随着反动度的增大而增大；给定反动度和该反动度下对应最佳速比时，级的轮周效率随着径比的增大先增大后减小，存在一个最佳径比，使得轮周效率最高；轮周效率峰值对应的最佳速比和最佳径比均随着反动度增大而增大。

② 提出了离心式透平反动度变化估算公式，并得到了径比对反动度与焓降的关系的影响规律。在给定的焓降变化区间，离心式透平径比较小时，反动度随着焓降的增大先增大后减小；径比大于一定值时，反动度随着焓降的增大而增大。

③ 结合有机工质的热物性，叙述了变工况条件下级的热力参数变化规律的研究结果。离心式透平级内流动达到临界状态时，级的流量只与进口热力参数有关，与背压无关；非临界状态下，级的流量不仅与级的进口热力参数有关，还与级的背压和反动度有关。引入比热比 C_p/C_v 修正变工况下流量计算公式，得到的理论分析结果与数值模拟结果基本吻合。

第3章 有机工质离心式透平设计及性能研究

离心式透平的一维热力设计方法，该方法物理概念清晰，计算简单，但是主要通过经验损失模型来预测透平的气动性能，不能准确反映透平内部流场的流动特征，计算精确度较差。传统的方法是通过实验研究来验证透平的气动性能，实验法可以为流动机理提供有效的证据，但是实验研究耗费时间周期长，花费成本高。近几十年来，随着计算机技术的发展，计算流体力学（CFD）的建立和快速发展给流体力学学科及其交叉研究领域带来新的研究方法，已经深入到相关工程技术的各个领域。具有模拟三维粘性非定常流动能力的CFD技术在研究透平内复杂高速旋转流动特性和叶型气动设计方面得到了广泛应用，已经成为工业设计的重要分析工具。

本章在一维热力设计的基础上，利用CFD技术和优化算法，给出了离心式透平动静叶型优化设计方法和跨音速单级离心式透平内流场特征和流动特性的研究结果，流程如图3.1所示。

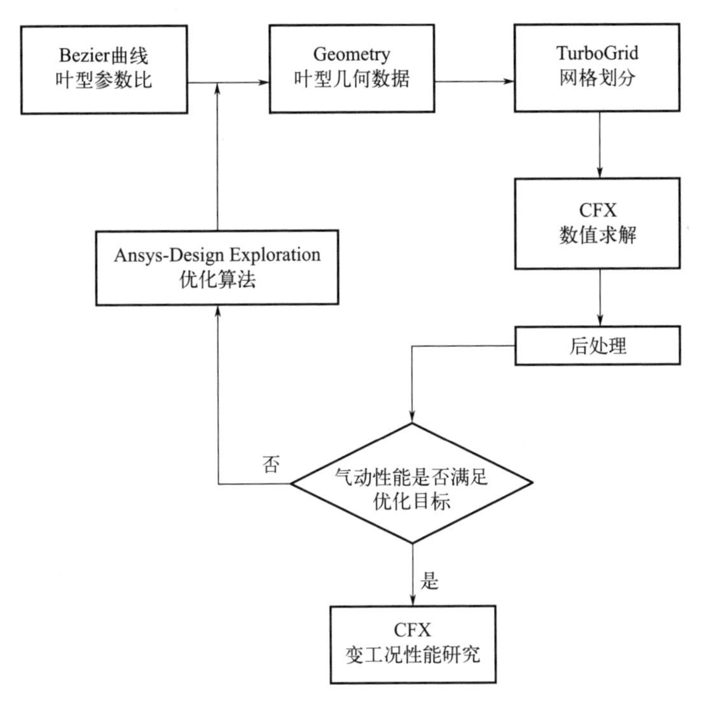

图3.1　数值模拟流程

3.1

离心式透平数值模拟方法

3.1.1 控制方程

CFD 数值方法是通过计算的方法来对流体进行数值实验，主要求解流体的质量守恒、动量守恒和能量守恒的方程来研究流动特征。通常把上述方程称为 Navier-Stokes（简称 N-S）方程组，以向量的形式可表示为[95]：

$$\frac{\partial U}{\partial t}+\frac{\partial(F-F_v)}{\partial x}+\frac{\partial(G-G_v)}{\partial y}+\frac{\partial(H-H_v)}{\partial z}=0 \tag{3.1}$$

其中，U 为守恒变量

$$U=\begin{bmatrix}\rho \\ \rho u \\ \rho v \\ \rho w \\ \rho E\end{bmatrix} \tag{3.2}$$

F、G、H 代表对流通量，F_v、G_v、H_v 代表黏性通量。

$$F=\begin{bmatrix}\rho u \\ \rho u^2+p-\tau_{xx} \\ \rho uv-\tau_{xy} \\ \rho uw-\tau_{xz} \\ \rho uH-\tau_{xx}u-\tau_{xy}v-\tau_{xz}w-k\dfrac{\partial T}{\partial x}\end{bmatrix} \tag{3.3}$$

$$
G=\begin{bmatrix} \rho v \\ \rho uv-\tau_{yx} \\ \rho v^2+p-\tau_{yy} \\ \rho uw-\tau_{yz} \\ \rho vH-\tau_{yx}u-\tau_{yy}v-\tau_{yz}w-k\dfrac{\partial T}{\partial y} \end{bmatrix} \tag{3.4}
$$

$$
H=\begin{bmatrix} \rho w \\ \rho uw-\tau_{zx} \\ \rho vw-\tau_{zy} \\ \rho w^2+p-\tau_{zz} \\ \rho wH-\tau_{zx}u-\tau_{zy}v-\tau_{zz}w-k\dfrac{\partial T}{\partial z} \end{bmatrix} \tag{3.5}
$$

其中，H代表总焓；k为热传导系数，τ_{xy}、τ_{yx}、τ_{xz}、τ_{yz}、τ_{zy}、τ_{xx}、τ_{yy}、τ_{zz}代表黏性应力张量分量。增加状态方程封闭方程：

$$
p=\rho RT \tag{3.6}
$$

3.1.2 湍流模型

透平内的流动为复杂的三维黏性流动，数值模拟方法是通过求解 Navier-Stokes（N-S）方程来研究流场内部的流动特征和流动细节。求解方法主要有直接数值模拟（DNS）方法和非直接数值模拟方法。直接数值模拟方法是直接求解三维非稳态的 N-S 方程，该方法可以得到湍流流场详细的空间结构特征以及瞬时变化的时间特征。但由于该计算方法对计算机存储以及计算速度要求非常高，目前只能在简单的低雷诺数流动问题中应用，而透平内的流动高雷诺数较高，目前还不能广泛应用。

非直接数值模拟方法最常用的为雷诺平均模拟方法，是对 N-S 方程进行时均处理，即在方程中引入未知的雷诺应力项，但该方法会造成控制方程的不封闭。因此需要根据湍流流动的一些基本特征及规律引入湍流模型解决方程的封闭问题。在数值计算中零方程、一方程、二方程和多方程模型被引入用以预测湍流发生、模拟湍流流态。

在透平机械的数值模拟中经常选用的湍流模型主要有 k-ε 模型和 k-ωSST 模型，两者均是两方程模型。

(1) $k-\varepsilon$ 模型

1972 年，Spalding 和 Launder[96] 在前人实验研究的基础上，提出了 k-ε 模型。方程的建立基于半经验公式，但是能够满足工程精度要求，在有关边界流动、管内流动以及剪切流动得到广泛应用。随后，科研人员逐步对 k-ε 模型进行了完善，提出了 RNG k-ε 模型和非线性的 k-ε 模型等，该模型方程为：

$$\frac{\mathrm{D}k}{\mathrm{D}t}=\frac{1}{\rho}\frac{\partial}{\partial x_k}\left(\frac{\mu_t}{\sigma_\varepsilon}\frac{\partial k}{\partial x_k}\right)+\frac{\mu_t}{\rho}\left(\frac{\partial U_i}{\partial x_k}+\frac{\partial U_k}{\partial x_i}\right)\frac{\partial U_i}{\partial x_k}-\varepsilon \tag{3.7}$$

$$\frac{\mathrm{D}\varepsilon}{\mathrm{D}t}=\frac{1}{\rho}\frac{\partial}{\partial x_k}\left(\frac{\mu_t}{\sigma_\varepsilon}\frac{\partial \varepsilon}{\partial x_k}\right)+\frac{C_1\mu_t}{\rho}\frac{\varepsilon}{k}\left(\frac{\partial U_i}{\partial x_k}+\frac{\partial U_k}{\partial x_i}\right)\frac{\partial U_i}{\partial x_k}-C_2\frac{\varepsilon^2}{k} \tag{3.8}$$

式中，C_μ、C_1、C_2、σ_k 和 σ_ε 均为常数，关于该模型的详细介绍可以参考文献 [97，98]。

(2) $k-\omega$ SST 模型

该模型在近壁面使用 Wilcox k-ω 模型，在边界层外使用 k-ε 模型，在边界层内部混合使用 k-ω 和 k-ε 模型，并考虑了剪切应力（Shear-Stress）对输运的影响[99-102]。该模型方程为：

$$\frac{\mathrm{D}(\rho k)}{\mathrm{D}t}=P_k-\beta^*\rho\omega k+\frac{\partial}{\partial x_j}\left[(\mu+\sigma_k\mu_T)\frac{\partial k}{\partial x_j}\right] \tag{3.9}$$

$$\frac{\mathrm{D}(\rho\omega)}{\mathrm{D}t}=\frac{\gamma\rho P_k}{\mu_T}-\beta\rho\omega^2+\frac{\partial}{\partial x_j}\left[(\mu+\sigma\mu_T)\frac{\partial w}{\partial x_j}\right]+2(1-F_1)\frac{\rho\sigma_{\omega 2}}{\omega}\frac{\partial k}{\partial x_j}\frac{\partial w}{\partial x_j} \tag{3.10}$$

$$\mu_T = \frac{a_1 \rho k}{\max(a_1 \omega, F_2 \Omega)} \tag{3.11}$$

式中，σ_k、σ_w、σ_{w2}、β和γ均为常数，关于该模型的详细介绍可以参考文献［102］。

3.1.3 定常/非定常计算方法

透平由动静叶栅交叉排列组成，高速旋转的动叶栅与静叶栅之间存在相对运动，因此上列叶栅的尾迹会影响下一列叶栅进口的流动，使流场呈现随时间的非均匀变化。而下一列叶栅相对于上级叶栅的非定常运动所产生扰动也会使上游叶栅内流场非均匀随时间变化。这种动静干涉现象是非定常的，但是透平转子转速高，在稳定工作状态下，经过时间平均的流动参数近似于定常，采用定常计算方法可以耗费较少的计算资源来评估流场的总体性能，一直以来作为常用的研究透平内部流场特征的计算方法。但是随着计算机技术的发展，为了更进一步详细研究透平内动静干涉产生的二次流、激波等流动细节，也越来越多地通过非定常方法研究透平内的流动特征。

定常和非定常计算都需要在动静交界面上进行数据传递。定常计算在动静叶片的数据传递方法有两种。

（1）混合平面法

动静叶构成的两列叶栅流场独立计算，共有的截面称为混合面。在每一次的迭代计算中，上一级叶片出口边界条件由下级叶片在混合面上的切向平均参数确定。由于这种交界面上的数据处理方法为切向平均，采用单流道周期性简化计算结果与动静叶片的相对位置无关。

（2）冻结转子法

冻结转子法的基本思想是忽略转静子相对运动，对于动叶栅通道流动在相对坐标系下求解，静叶栅流道在绝对坐标系下求解。转静子通道交界面没有近似处理，周期性简化计算与转静子相对位置有关，动静流道叶片数选取要满足周期性要求。因为计算资源的限制，可采用区域缩放的方法对动静叶片个数进行简化。非定常流动计算动静交界面处理与冻结转子法一致，计算资源无法满足全周计算时，需要通过区域缩放的形式保证动静叶片数满足周期性要求。

本书利用 CFD 技术进行数值模拟分析采用定常计算方法进行，动静叶片数据传递方法为混合平面法。

3.1.4 数值模型

利用数值模拟方法计算透平流场性能时，采用 TurboGrid 对动静叶流道进行网格划分，流道内网格整体拓扑结构为 H-O-H 型，叶片周围边界层为 O 型网格。为了减小计算资源消耗，级的数值模拟通常简化为单流道计算，设置为周期性边界条件。进口边界条件为定级的进口总温和进口总压，出口边界条件为平均静压。

网格单元划分精度直接影响求解结果的准确性。采用不同的湍流模型，对网格的精度要求也不相同。在求解器 CFX 中，k-ε 模型采用扩展壁面函数，对网格精度的要求为工业标准，无量纲 y^+ 值在 30 ～ 300 之间即可得到符合工业标准的模拟结果。而 k-ω SST 模型是基于 k-ω 模型，在近壁面采用 Wilcox k-ω 模型，在边界层外使用 k-ε 模型，在边界层内部混合使用 k-ω 和 k-ε 模型，并考虑了剪切应力（Shear-Stress）对输运的影响，具有自动壁面处理的功能。在近壁面，在 $y^+<2$ 时选择低雷诺数模型。

在进行离心式透平的研究过程中，针对有机工质离心式透平，以级效率为评价目标，进行了网格无关性验证。基于 k-ε 模型的数值计算在网格全局因子为 1.2，平均 y^+ 值为 50 时，效率变化小于 0.1%，基于 k-ω SST 模型的数值计算在网格全局因子为 1.2，平均 y^+ 值为 1 时，效率变化小于 0.1%。两种湍流模型在不同网格密度的数值模拟结果进行了对比，结果如表 3.1 所示，透平总体效率偏差为 0.1%，详细内容可见文献［90］。

在本书的数值模拟计算中，通过优化方法对叶型进行设计，需要大批量的计算资源，平衡计算资源和计算的精度，在叶型优化设计和性能分析中采用的湍流模型为 k-ε 湍流模型，网格划分的参数设置参考网格 3。

表3.1　不同网格密度和湍流模型的数值模拟结果对比[90]

序号	网格数	全局因子	平均 y^{+}	等熵效率 /%	湍流模型
1	708660	1.15	103	83.44	k-ε
2	1256379	1.15	79	83.48	
3	2453156	1.2	50.5	84.3	
4	3669487	1.3	34.6	84.28	
5	8692405	1.15	4	84.34	k-ω SST
6	10884829	1.2	1	84.2	
7	21004543	1.25	0.8	84.24	

3.2

叶型优化设计

常用的透平机械叶型设计方法主要有正设计、反设计和优化设计。正设计是设计者基于经验对叶片改型最终获得满足气动设计要求的叶型，设计过程主要依赖设计者的经验判断。离心式透平是一种新型旋转机械，气流流动方向沿径向由内向外流动，通流截面旋成半径随着膨胀体积流量不断增大而增大。而传统的轴流式透平，通流截面旋成面半径是不变的，向心式透平更是与之相反，旋成面半径随着气流膨胀体积流量增大而减小。无论轴流还是向心式透平叶型都未必适用于离心式透平，正设计方法不适用于离心式透平叶型设计。反设计是通过给定流场中的压力和速度等物理场参数的分布，根据参数与叶型几何之间的物理关系来确定叶片造型，但反设计很多是基于无粘的理论，多用于转折角不大的压气机叶片设计[103]。近年来，随着计算机技术的发展，优化设计法越来越多地应用于叶型设计，首先利用数学曲线对叶片型线进行参数化表达，然后根据数值模拟结果预测的气动性能，利用优化算法，调整叶型控制参数优化叶型，直至气动性能满足设计要求[104, 105]。本书采用优化设计的方法设计离心式透平叶型。

3.2.1 Beizer 曲线

常用的数学参数曲线主要包括：二次曲线，二次 B 样条曲线，直接 B 样条曲线，非均匀有理 B 样条曲线（NURBS 曲线）等。Bezier 曲线在涡轮叶片设计中得到了广泛应用[106, 107]。

Bezier 曲线是将函数逼近与曲线几何结合起来的参数化表达方法，通过给定空间 n+1 个控制点 P_i（i=0, 1, 2, ⋯, k），这些控制点构成 n 阶 Bezier 曲线特征多边形，则此时 Bezier 曲线可表达为：

$$P(u) = \sum_{i=0}^{k} P_i B_{i,k}(u) \tag{3.12}$$

式中，$0 \leqslant u \leqslant 1$，$B_{i,k}$ 表示 k 次古典的 Berstein 基函数。

$$B_{i,k}(u) = C_k^i (1-u)^{k-i} u^i = \frac{k!}{i!(k-i)!}(1-u)^{k-i} u^i \tag{3.13}$$

3.2.2 离心式透平叶型设计

离心式透平叶片几何设计在 ANSYS 软件中 BladeGen 模块中完成，该模块可通过子午面流道参数和叶片型线参数确定叶片几何造型。

首先根据动静叶栅的进出口直径及叶高可确定子午面流道参数，本书设计离心式透平叶片均为等叶高直叶片，子午面流道如图 3.2 所示。叶片二维叶型的造型利用 BladeGen 模块中的 Ang/Thk 模块，其原理为中弧线叠加厚度法。用三阶四次 Bezier 曲线表达中弧线切线角度和叶片厚度曲线，然后在中弧线上叠加厚度构造生成吸力面和压力面曲线。叶片的前缘和尾缘分别采用半径不等的椭圆弧，椭圆弧的半径参考轴流和向心透平叶型设计 [108-110]。叶片型线由前缘，尾缘，吸力面曲线和压力面曲线四部分光滑连接组成，如图 3.3 所示。

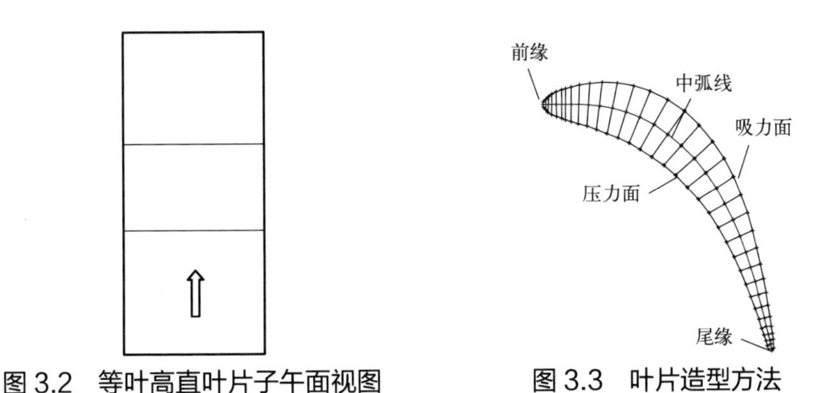

图 3.2　等叶高直叶片子午面视图　　图 3.3　叶片造型方法

图 3.4 为利用 BladeGen 模块中的 Ang/Thk 模块，利用 Beizer 曲线造型后得到的叶型与 TP-2P 原始叶型的几何对比图。其中实线表示 TP-2P

原数据[111]，而红色虚线表示利用采用五阶六次 Beizer 曲线得到的叶型，从图中可以看出，新叶型与原叶型基本重合，该方法可以良好地绘制叶型曲线。

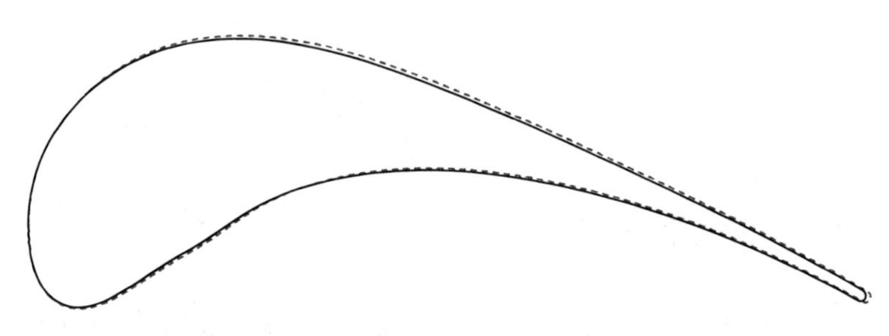

图 3.4　TP-2P 原叶型与设计叶型对比

3.2.3 叶型优化设计

由于在叶轮机械中涉及湍流、激波等复杂的流动问题，叶型优化设计过程是一个非线性、多峰值的平面叶栅的气动优化问题，也是一个设计变量和目标函数之间没有显式函数关系的复杂优化问题。本书采用非经典优化方法——遗传算法和序列二次规划算法，利用单目标、多约束条件的优化方法设计叶型。

3.2.3.1 优化设计变量

基于 Bezier 曲线和叶型设计原理可知，透平叶型可通过中弧线切线角度控制点和厚度分布控制点来调整，中弧线切线角度和厚度分布控制点为优化变量。如图 3.5 为喷嘴中弧线参数曲线，中弧线参数曲线为四个控制点生成三阶四次 Bezier 曲线，控制点横坐标表示在叶片径向（叶宽）相对位置，纵坐标表示中弧线的切线与径向方向的夹角（即气流与径向方向的夹角），前缘点和尾缘点纵坐标表示气流在叶片进出口方向与径向方向的夹角，其值由一维热力设计确定。而（χ_{11},χ_{12}）为可调节控制点，通过改变控制点的位置矢量可调整中弧线形状，进而改变叶栅内流道形状。

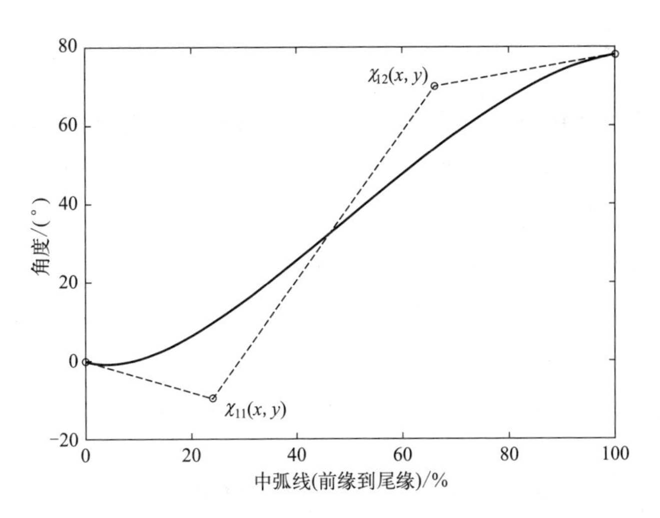

图 3.5 叶片中弧线切线角分布曲线

图 3.6 为厚度分布曲线，横坐标表示在径向（叶宽）相对位置，纵坐标表示叶片厚度分布，同为四个控制点的三阶四次 Bezier 曲线，前缘和尾缘的厚度即为前尾缘椭圆弧的直径，中间两个控制点为可调控制点，通过改变中间两点的坐标可改变叶片厚度分布。通过调整中弧线和厚度分布曲线中间两个控制点的坐标值可调整叶型，中弧线控制点坐标（$\chi_{11}(x,y)$，$\chi_{12}(x,y)$）及厚度控制点坐标（$\theta_{11}(x,y)$，$\theta_{12}(x,y)$）为优化变量。

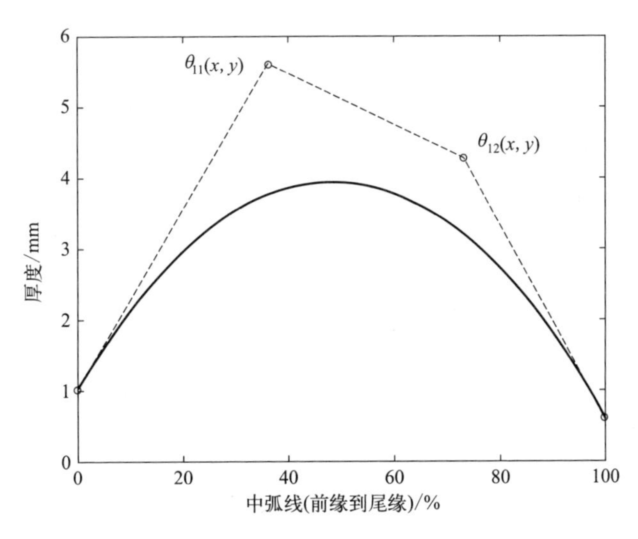

图 3.6 叶片厚度分布曲线

3.2.3.2 优化目标与约束条件

在动静叶型优化设计过程中，分为两个步骤：首先优化喷嘴叶型，然后利用数值模拟方法预测级的气动性能优化动叶叶型。喷嘴叶型的优化设计，边界条件为进口给定总温总压，出口平均静压。以总压损失系数最小为优化目标，流量与设计流量偏差小于 1% 和喷嘴出口气流角与设计值偏差小于 0.5% 为性能约束条件，静叶中弧线切线角度及厚度分布控制点为优化变量。

喷嘴优化的目标函数和约束条件表达如式（3.14）所示：

$$\begin{cases} \text{优化变量：}(\chi_{11}(x,y),\chi_{12}(x,y),\theta_{11}(x,y),\theta_{12}(x,y)) \\ \text{目标函数：}f=\mathrm{Min}(\varpi) \\ \text{约束条件：}\left|G-G_d\right|\leqslant 0.01G_d \\ \qquad\qquad\left|\alpha_1-\alpha_{1d}\right|\leqslant 0.005\alpha_{1d} \end{cases} \tag{3.14}$$

喷嘴的总压损失系数：$\varpi=\dfrac{p_0^*-p_1^*}{p_0^*-p_0}$，$p_0^*$ 是喷嘴叶栅进口总压，p_0 是静叶进口静压，p_1^* 是静叶出口总压。

在动叶叶型优化设计中，需要考虑喷嘴出口尾迹对动叶气动性能的影响和动静叶之间存在的干涉与匹配问题。通过对整级进行数值模拟，以级效率最大为优化目标对动叶叶型进行优化设计。边界条件为给定静叶进口总温、总压，出口为平均静压。约束条件为质量流量与设计流量偏差小于 1%，在多级设计中增加动叶出口绝对气流角为约束条件，动叶中弧线切线角度和厚度分布控制点坐标为优化变量。动叶叶型优化的目标函数和约束条件如式（3.15）表达：

$$\begin{cases} \text{目标函数：}f=\mathrm{Max}(\eta_u) \\ \text{约束条件：}\left|G-G_d\right|\leqslant 0.1G_d \\ \qquad\qquad\left|\alpha_2-90^\circ\right|\leqslant 1.5^\circ \\ \text{轮周效率：}\eta_u=\dfrac{W_u}{\Delta h_t^*} \end{cases} \tag{3.15}$$

多级离心式透平叶型优化设计与单级叶型的优化设计步骤相同，首先分别完成各级动静叶型的优化，然后进行级组的数值模拟，根据各级的气动性能，考虑级组间的流量匹配，再对各级动静叶型进行调整，直至性能满足设计要求。

3.3

单级跨音速离心式透平设计工况流动特性数值分析

3.3.1 离心透平热力参数

某石灰窑企业有三座窑炉，按照生产工艺流程，有两股余热分别为用于石灰窑的燃烧梁和下吸气梁冷却的导热油热源，原设计为利用散热器对导热油的余热进行散热冷却排放；另一股为烟气余热直接排放到大气中。两股余热的直接排放不仅会造成热源的浪费，同时还会造成环境热污染。以热水为介质，对导热油＋烟气余热进行冷却，并将热水作为有机朗肯循环系统的热源用以发电可以实现余热利用，提高经济效益保护环境。热负荷参数及系统初步拟定条件见表3.2。

表3.2 有机朗肯循环系统设计热力参数

名称	单位	数值
热水热源温度	K	433.2
热水热源压力	MPa	≥ 0.72
热负荷	kW	6600
环境温度	K	298
冷凝温度	K	313

根据该企业的余热热源条件，建立了回热型有机朗肯循环热力学模型，研究工质物性对循环性能的影响，确定了适宜工质及循环系统热力参数。系统的循环热力参数和膨胀机设计参数见表3.3。

表3.3 系统及透平热力参数

热力参数	数值
工质	R245fa
蒸发温度 /K	405
透平进口压力 /MPa	2.433
透平进口温度 /K	410.2
质量流量 /（kg/s）	29.54
冷凝温度 /K	313.7
冷凝压力 /MPa	0.271
等熵焓降 /（kJ/kg）	41.26
透平输出功 /kW	1000
循环热效率 /%	14.45

3.3.2 单级跨音速离心式透平气动设计结果

根据表 3.3 中 MW 级离心式透平热力参数，按照离心式透平气动设计流程，以轮周效率最高为优化目标，以径比、速比和反动度为优化变量，设计了单级离心式透平。

有机工质音速低，MW 级有机朗肯循环系统中膨胀机设计膨胀比为 8.9，单级离心式透平气流在喷嘴中达到临界，马赫数为 1.96，级的反动度为 0，为纯冲动式跨音速透平。表 3.4 为跨音速离心式透平主要的热力与几何参数。

表3.4 MW级单级跨音速离心式透平气动优化设计结果

项目	参数	符号	数值
初始条件	喷嘴速度系数	φ	0.97

续表

项目	参数	符号	数值
初始条件	动叶速度系数	ψ	0.95
	转速	n/（r/min）	3000
	流量	G/（kg/s）	29.54
优化目标	效率	η/%	87.59
优化变量	速比	x_a	0.465
	反动度	Ω	0
	喷嘴出口气流角	α_1/°	12
	径比	b	1.1，1.1
	喷嘴出口马赫数	Ma	1.96
	动叶进口直径	D_1/m	0.852
	动叶出口直径	D_2/m	0.942
	叶高	H/m	0.0156

3.3.3 单级跨音速离心式透平叶型设计

根据表 3.4 中跨音速离心式透平一维气动优化设计参数，利用单目标多约束条件的优化设计方法进行了动静叶型优化设计。在叶型优化设计过程中，计算量较大，为了平衡计算资源的限制和计算精度的要求，基于 k-ε 模型进行数值计算并对叶型进行优化。分别以静叶出口的总压损失系数最小和级的轮周效率最大为目标，进行了跨音速离心式透平的动静叶型设计。

单级跨音速离心式透平气流在喷嘴叶栅出口马赫数为 1.96，静叶栅流道截面为缩放形式。尽管级的反动度为 0，由于气流在动叶中要克服圆周速度变化产生的离心力对气流的压缩，与轴流式透平冲动式动叶叶型相比，流道仍为渐缩形式，动叶叶型不是完全对称结构，动静叶均为等叶高直叶片，优化完成叶型见图 3.7 和图 3.8。

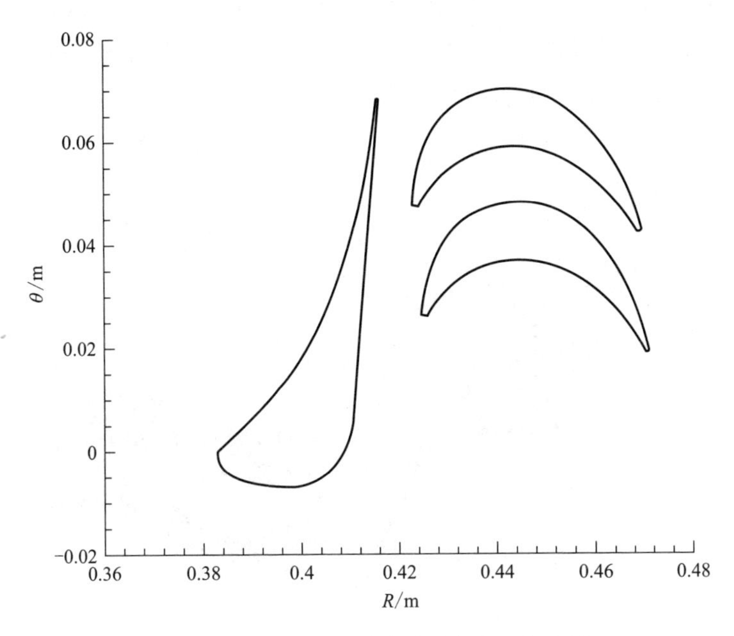

图 3.7 单级跨音速离心式透平叶型图

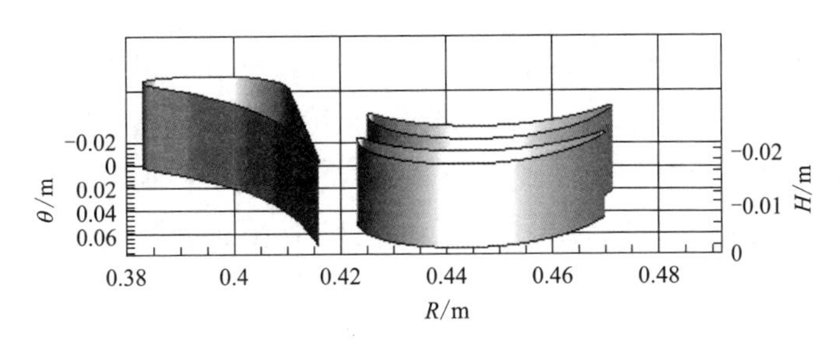

图 3.8 单级跨音速离心式透平叶片几何模型

3.3.4 单级跨音速离心式透平定常计算结果

根据图 3.8 优化设计完成的动静叶片，对其流道进行网格划分，利用数值模拟方法研究级的气动性能，进行了定常计算。

定常采用单流道计算，交界面处理采用混合平面法，物理时间步长为动叶转过一个静叶栅距的时间 0.0003s。网格密度为表 3-1 中的第 3 组网格密度，网格的划分细节为设置全局因子为 1.2，壁面法向网格增长率为 1.2，平均 y^+ 值为 50。数值模拟湍流模型选用 k-ε 模型，静叶和动叶的网格数分别为 347354 和 436600，数值模型见图 3.9，工质物性调用 NIST 数据库的物性参数。

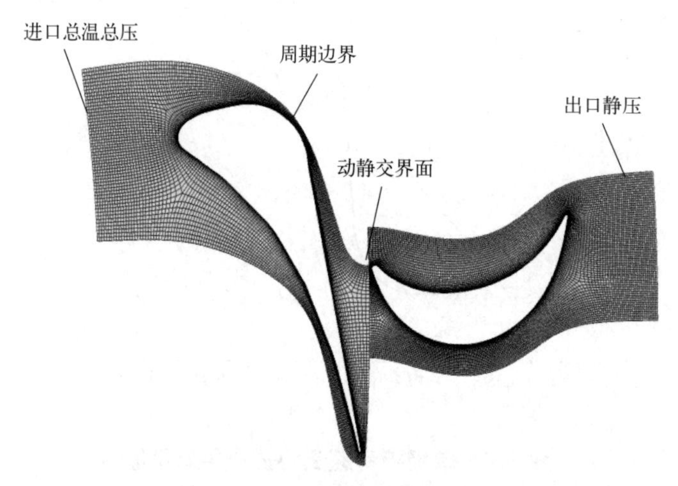

图 3.9 定常计算数值模型

数值模拟结果见表 3.5，与一维气动优化设计结果相比，流量、速比和反动度的偏差均在 3% 以内，由此可知一维气动优化设计程序可以对单级离心式透平进行初步设计。由于单级跨音速离心式透平在喷嘴中的马赫数达到 1.9，跨音速流动造成流动损失增大，数值模拟效率小于一维气动设计效率 4.7 个百分点。

表3.5 单级跨音速离心式透平数值模拟结果

项目	符号与单位	1D	CFD	偏差率 /%
等熵效率	η/%	87.59	83.44	4.7
流量	G/（kg/s）	29.54	30.16	2
轴功	W/kW	1067	1015	4.8
反动度	Ω	0	−0.037	−0.037

续表

项目	符号与单位	1D	CFD	偏差率 /%
速比	x_a	0.465	0.47	1
喷嘴出口气流角	α_1/°	12	11.8	1.6

图 3.10 和图 3.11 分别为单级跨音速离心式透平子午面压力云图和流线图。由压力云图和流线图也可以看出，由于离心式透平为等截面等叶高直叶片，在展向上压力云图和流线图变化相同。级内流动在展向上流动特征相同，因此以 50% 叶高处的流线图和云图分析流场细节。

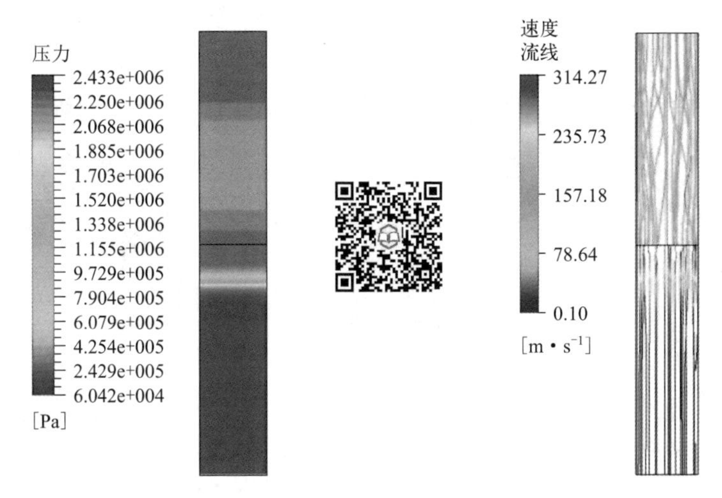

图 3.10　单级跨音速离心式透平子午面压力云图

图 3.11　单级跨音速离心式透平子午面流线图

图 3.12 到图 3.15 为单级跨音速离心式透平 50% 叶高处的流线图、压力云图、马赫数云图和静熵云图。由流线图可知，在流道内流线光滑顺畅，没有流动分离和流动堵塞。由压力云图可知，气流在级内的流动过程为顺压流动，因为反动度为 0，在动叶中压力降落不明显。由静熵云图可知，在动静叶和动叶流道内熵增并不明显，只是在静叶尾缘，由于动静干涉的影响，熵明显增大。

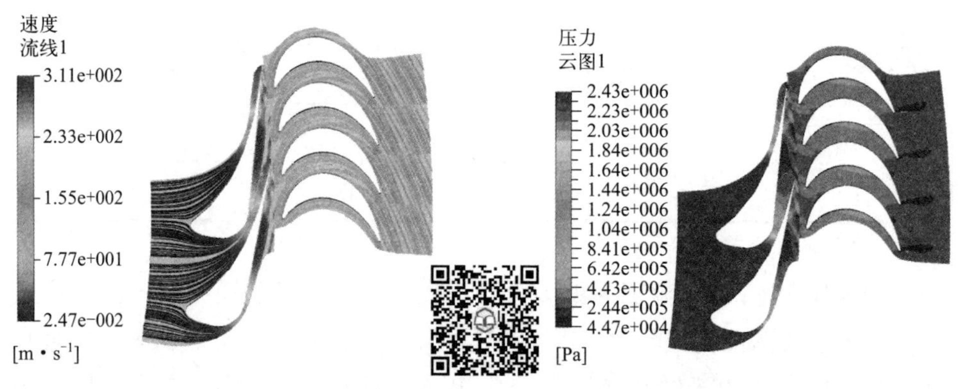

图 3.12　50% 叶高处流线图　　图 3.13　50% 叶高处压力云图

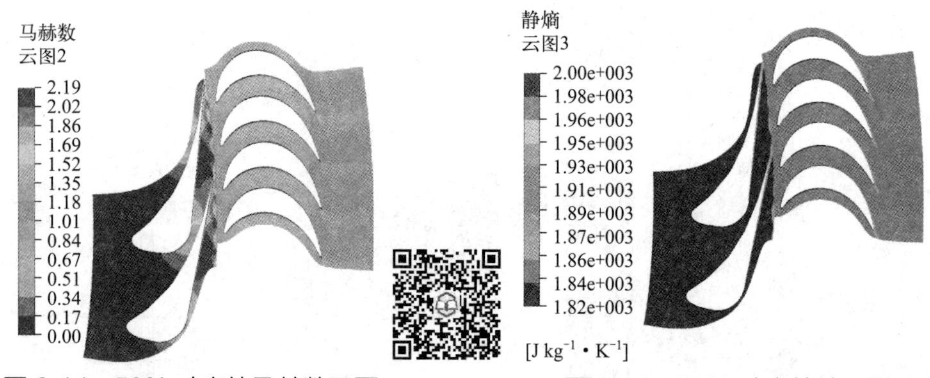

图 3.14　50% 叶高处马赫数云图　　图 3.15　50% 叶高处熵云图

由马赫数云图可知，在静叶流道内局部最大马赫数超过了 2，平均出口马赫数为 1.9，但是静叶设计较为合理，在流道内没有明显的激波。在尾部斜切段由于过膨胀产生了一道激波，但是强度并不大，受到动叶相对运动的扰动，发生反射。由图可知，静叶尾缘的出口压力和速度不均匀，但是由于混合平面法是基于压力的切向平均，在动叶的进口并未考虑由于静叶出口气流速度和压力不均匀对动叶内流动的影响。因此采用非定常计算方法进一步研究流动特性，以及动静干涉对跨音速流动和做功能力的影响。

3.4

单级跨音速离心式透平变工况性能研究

有机朗肯循环系统在运行的过程中，受到冷热源条件的影响，热力参数和转速会发生变化。本节通过改变有机工质离心式透平的膨胀比和转速，研究了有机工质离心式透平的变工况性能。

3.4.1 进气压力变化对透平性能的影响

透平热源的变化会引起蒸发器内蒸发压力变化进而改变透平的进气压力，当透平排气压力不变，进气压力增大时，膨胀比增大，级的流量、焓降和反动度会随之改变，效率和功率也会随之变化。

图 3.16 表示以 R245fa 为工质的离心式透平给定进口总温为 410.2K 和背压为 0.271MPa 时，进气压力在 0.813 ～ 2.433MPa 之间（膨胀比 3 ～ 9）

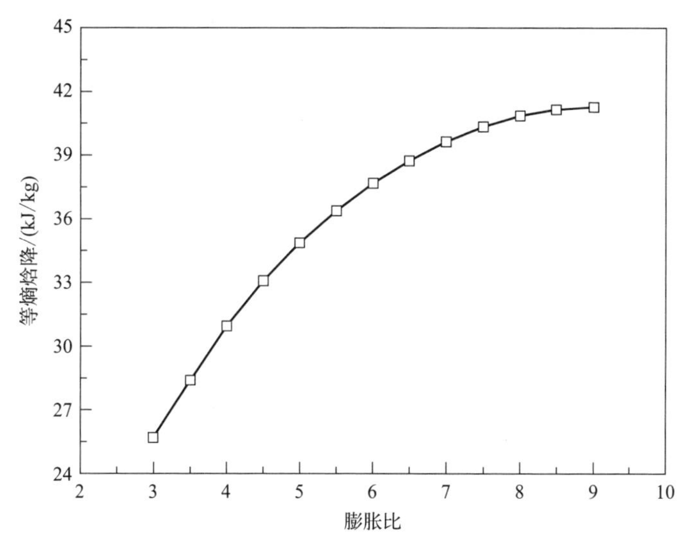

图 3.16 单级跨音速离心式透平焓降随膨胀比变化曲线

变化时，焓降随膨胀比的变化曲线。焓降随膨胀比的增大而增大，但是在进口温度和背压不变时，进口压力越大，工质越趋近于饱和点，C_p / C_v 值越大，焓降随膨胀比的增大幅度越小。

焓降随膨胀比变化，级的假想速度也随之变化。如果转速和径比不变，级的圆周速度不变，但是速比会随着焓降的增大而减小，反动度也会随之改变。根据一维气动分析，由惯性反动度的定义可知，在转速不变，动叶进出口圆周速度不变，级的焓降越小，惯性反动度越大，因此惯性反动度的变化规律与焓降变化规律相反，随着膨胀比的增大，惯性反动度逐渐减小。而气动反动度和总反动度却与径比和焓降有关，图 3.17 显示跨音速离心式透平反动度随着膨胀比的增大先减小后增大，反动度变化规律与理论分析一致。

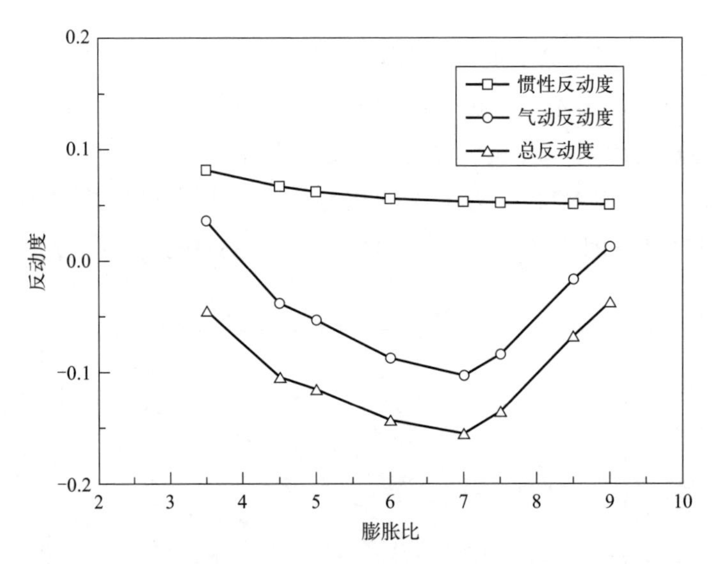

图 3.17　单级跨音速离心式透平反动度随膨胀比变化曲线

图 3.18 为单级跨音速离心式透平流量随膨胀比的变化曲线。透平在级的进口温度和背压不变，进气压力从 0.813MPa 增大到 2.433MPa 时，膨胀比变化为 3 ～ 9，透平级内流动在喷嘴内达到临界工况，流量随着进气压力增大线性增大，且数值模拟结果与第 3 章式（3.21）计算结果基本吻合。

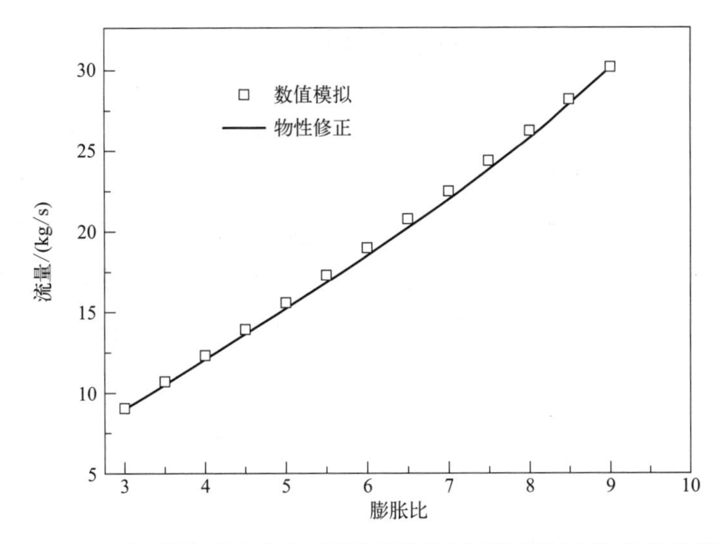

图 3.18　单级跨音速离心式透平质量流量随膨胀比的变化曲线

图 3.19 表示单级跨音速离心式透平等熵效率随膨胀比的变化曲线。在给定进气温度和背压，进气压力在 0.813 ～ 2.433MPa 之间（膨胀比 3 ～ 9）变化时，透平效率在不同转速下随着膨胀比增大先增大后减小，存在一个最佳膨胀比，使等熵效率达到最大值。转速越大，效率曲线越陡峭，即等熵效率随膨胀比的变化越剧烈。在低膨胀比高转速工况下，由于级的焓降小转速大，实际速比远远大于设计最佳速比，效率急剧下降。

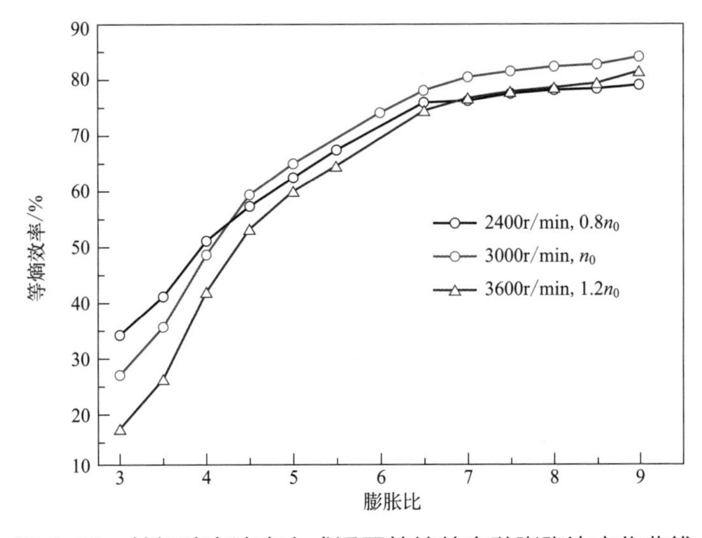

图 3.19　单级跨音速离心式透平等熵效率随膨胀比变化曲线

3.4.2 背压变化对透平性能的影响

单级跨音速离心式透平给定进气总温为410.2K和进气压力为2.433MPa，背压在0.2～0.5MPa之间（膨胀比为4.7～12.1）变化时，离心式透平性能也随膨胀比的变化而变化。图3.20表示焓降随膨胀比的变化曲线，焓降随着膨胀比的增大而增大，因为气流在透平进口状态不变，焓降变化规律与上节改变初压的规律不同，没有明显随着膨胀比增大焓降变化曲线逐渐平坦的特征。

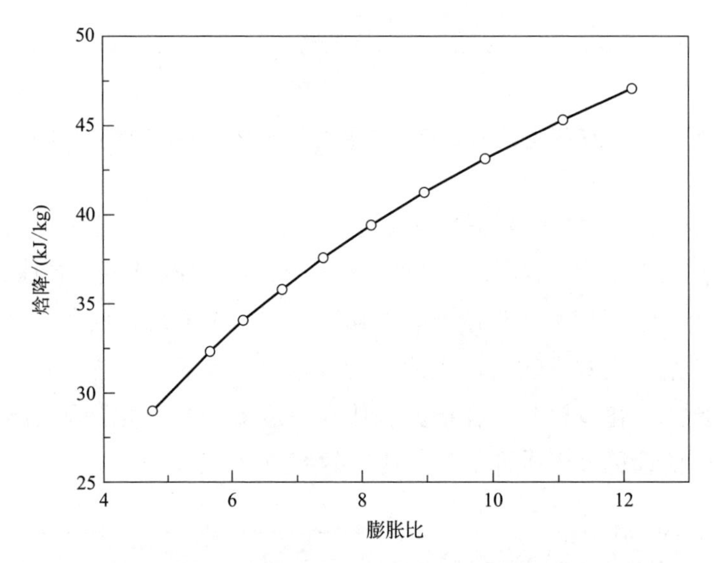

图3.20 单级跨音速离心式透平焓降随膨胀比变化曲线

图3.21表示级背压变化时，级的流量随膨胀比的变化曲线。由图可知，在整个背压变化区间内，单级跨音速离心式透平在流动达到临界，质量流量不受背压变化的影响，与设计工况流量相等，数值模拟结果与理论分析规律一致。

图3.22表示单级跨音速离心式透平在背压变化时，透平效率随着膨胀比的变化规律。在三个不同的转速下，低转速背压越高即小膨胀比高效率。即无论是改变进气压力还是透平的背压，透平的等熵效率均是在低膨胀比低转速效率较高。

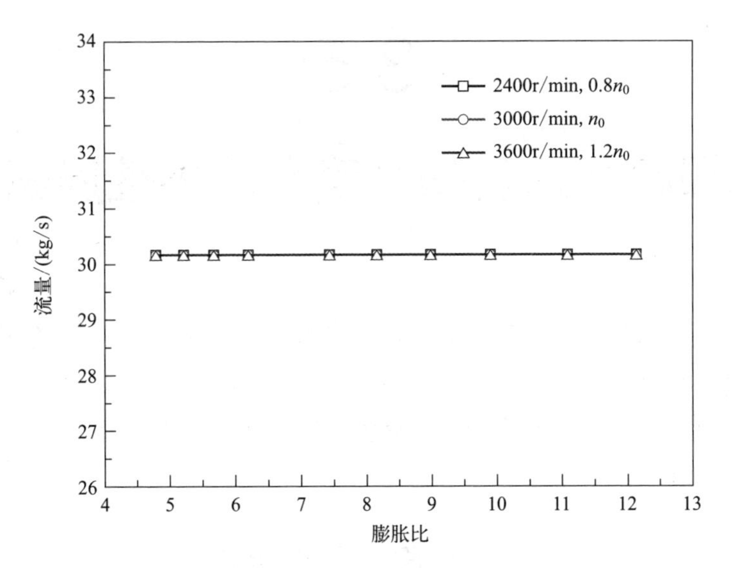

图 3.21 单级跨音速离心式透平质量流量随膨胀比的变化曲线

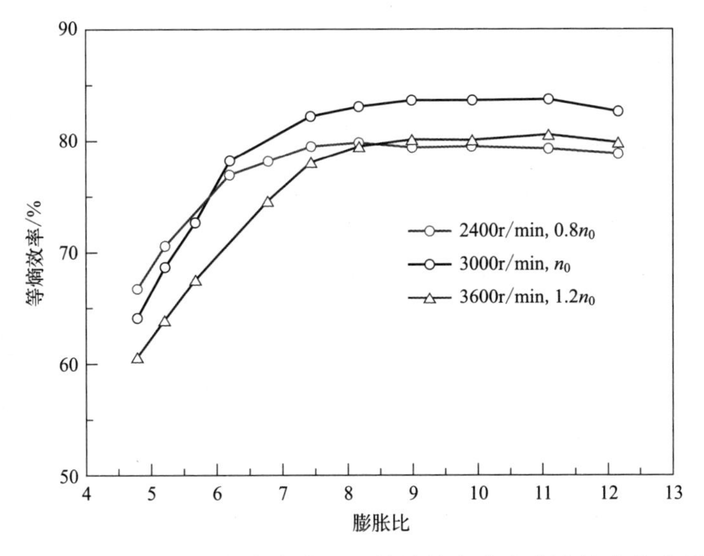

图 3.22 单级跨音速离心式透平等熵效率随膨胀比的变化曲线

3.5

单级跨音速反动式离心透平性能研究

本节还以 R123 为流动工质（热力参数见表 3.6），以轮周效率为目标，以等叶高、马赫数＜ 1.4（采用跨音速静叶栅，利用斜切部分膨胀）作为限制条件，根据编制的一维热力计算程序，进行优化计算，确定离心透平设计几何参数如表 3.7 所示。

表3.6　离心透平热力参数

热力参数	设计值
进口总温 T_0/ K	373.23
进口总压 P_0/ MPa	0.78564
出口背压 P_2/ MPa	0.11
设计转速 n/（r/min）	10000
质量流量 G/（kg/s）	12.4
透平功率 W/kW	300
轮周效率 η_u/%	84

表3.7　离心透平的主要几何参数

几何参数	设计值
静叶入口直径 D_1/ mm	278
静叶出口直径 D_2/ mm	310
动叶入口直径 D_3/ mm	314
动叶出口直径 D_4/ mm	346
叶高 H/ mm	21.7
进口气流角 /（°）	12

利用单目标多约束条件的优化设计方法进行了动静叶型优化设计。然后湍流模型选择 k-ε 双方程模型，标准壁面函数。工质物性选用实际气体立方形 *S-R-K* 状态方程计算，进口边界条件给定总温和总压，出口边界给定静压进行数值模拟计算。

图 3.23 ～图 3.25 显示了叶栅数值模拟 10%、50%、90% 三处叶高的流线图，可以看到工质流动流道顺畅，因为叶片采用直叶片设计，在展向上，三处流动变化不大。仅在喷嘴出口表面有少量流动分离，但没有涡流产生，如图 3.26 所示。

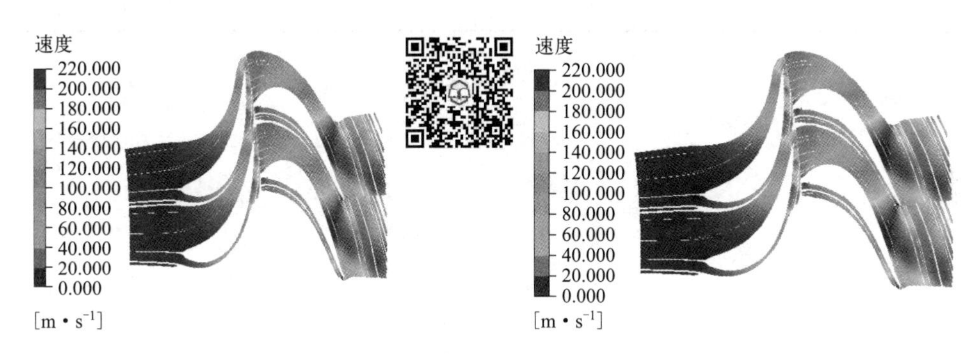

图 3.23　叶高 10% 处流线分布图　　图 3.24　叶高 50% 处流线分布

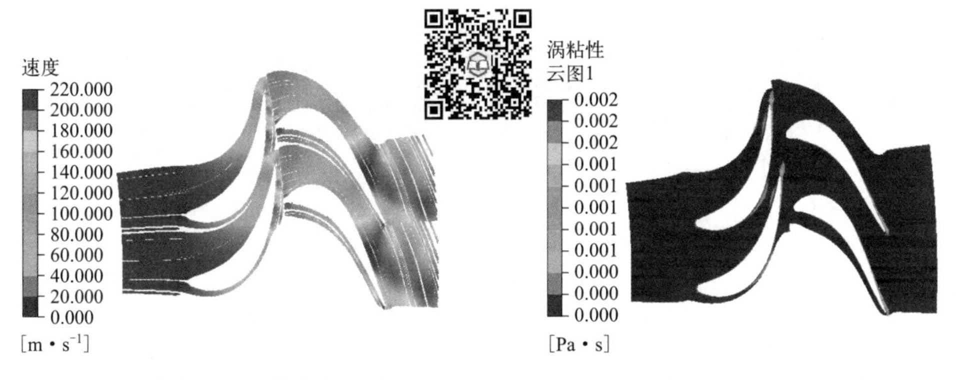

图 3.25　叶高 90% 处流线分布图　　图 3.26　叶高 50% 处涡黏性云图

表 3.8 给出了一维设计与 CFD 数值模拟的偏差，反动度和马赫数分别有 6% 和 -4% 的误差，原因主要是在喷嘴内为跨音速流动，激波造成气流速度方向和大小发生偏转，但功率和效率误差均在 1% 以内，符合预期。

表3.8　设计值与模拟结果

项目	设计值	模拟值	相对误差 /%
流量 /（kg/s）	12.4	12.55	1.2
功率 /kW	344	343	−0.2
反动度	0.5	0.53	6
速比	0.633	0.638	0.78
马赫数	1.25	1.2	−4
轮周效率 /%	84	83	−0.19

3.6

本章小结

本章根据有机朗肯循环系统热力设计确定的热力参数，利用气动设计程序，设计了单级跨音速离心式透平，并利用数值模拟的方法验证了级的气动性能。主要内容总结如下。

① 利用遗传算法和序列二次规划算法，建立了以轮周效率为优化目标，以质量流量和动叶出口气流角为性能约束条件，以叶型参数为优化变量的离心透平叶型优化设计方法，并利用该优化设计方法设计了跨音速离心式透平叶型。结果表明透平流场内流线顺畅，没有流动分离和流动堵塞。以R245fa为工质的离心透平静叶流道内马赫数为1.9，优化设计的动静叶型气动性能满足设计要求；以R123为工质的离心透平反动度为0.5，激波造成气流速度方向和大小发生偏转，但损失不明显。

② 利用定常计算方法验证了跨音速离心式透平的气动性能。结果表明：单级跨音速离心式透平气动性能符合预期，流量、效率和轴功与一维气动设计值偏差均在5%以内，一维气动优化设计程序能可靠的对单级有机工质离心式透平进行初步设计。等叶高直叶片的离心式透平总体性能满足气动设计要求。

③ 研究了跨音速离心式透平变工况性能。通过调节转速、改变进出口压力改变级的膨胀比，获得了跨音速离心式透平的变工况性能变化规律。结果表明：在临界状态下，流量随着进口压力增大而增大，不随背压变化。在低转速下小膨胀比的透平效率高，高转速下大膨胀比的透平效率高。

第 4 章

多级亚音速有机工质离心式透平设计及性能研究

为了更好地推广有机朗肯循环系统在中低温热源发电项目中的应用，研发大功率的膨胀机是其技术关键。而有机工质音速低，体积流量变化大，级的膨胀比高，流动过程中马赫数过高，会增加叶片的设计难度。而多级离心式透平虽然结构比较复杂，但是分级承担焓降小，使各级均运行在最佳速比，进而提高透平效率。本章根据 MW 级有机朗肯循环机组的热力参数，设计了四级亚音速有机工质离心式透平，研究了四级亚音速有机工质离心式透平的流动特征和变工况特性，为多级有机工质离心式透平的推广应用提供依据。

4.1 多级亚音速离心式透平气动及几何设计

4.1.1 多级亚音速离心式透平气动设计

基于轴流式透平轮周效率研究结果可知，无余速利用时，气流在动叶出口为轴向排气时，即动叶出口气流方向与轮周平面夹角为 90°时，轮周效率最高。王乃安和谭鑫[112]以理想气体为工质，针对单级亚音速离心式透平，分析了动叶出口气流角与轮周平面夹角（α_2=90°）即动叶为径向排气时和动叶出口气流方向无约束出气两种气动设计方案对离心式透平气动优化设计结果的影响。结果表明：两种设计方案，最佳轮周效率相差在 0.5% 以内；在采用无约束出气设计方案时，优化设计结果中动叶出气方向与径向的夹角均在 10°以内。由此可知在多级离心式透平的气动设计中，限制动叶出口气流角（α_2=90°），对离心式透平的轮周效率影响较小，但是有利于余速利用和下级静叶设计，同时还可以简化气动优化设计流程。因此本书中在多级离心式透平气动设计时借鉴该设计经验，增加动叶出口气流方向为径向出气为限制条件，设计了一组以 R245fa 为工质的四级亚音速有机工质离心式透平。

根据气动优化设计流程，多级离心式透平设计以级组轮周效率最高为优化设计目标，动叶出口气流为径向出气（α_2=90°）为约束条件，以径比、速比和反动度为优化变量，根据有机朗肯循环系统热力性能研究确定的热力参数，设计了一组四级有机工质离心式透平，级组内马赫数最大值在第一级静叶出口，马赫数为 0.98。设计工况下级组内为亚音速状态。研究了多级有机工质离心式透平的性能。表 4.1 为确定的多级离心式透平主要的热力与几何参数。

表4.1　多级亚音速离心式透平气动优化设计结果

	参数	符号	四级透平			
			第一级	第二级	第三级	第四级
初始条件	喷嘴速度系数	φ	0.97	0.97	0.97	0.97
	动叶速度系数	ψ	0.94	0.94	0.95	0.95
	转速	n/rpm	3000	3000	3000	3000
	流量	G/（kg/s）	29.54	29.54	29.54	29.54
优化变量	速比	x_a	0.44	0.64	0.83	0.96
	反动度	Ω	0	0.27	0.44	0.54
	静叶出气角	α_1/（°）	12	14	17	23
	径比	b	1.13，1.13	1.13，1.13	1.12，1.12	1.1，1.1
	动叶进口马赫数	Ma	0.98	0.83	0.785	0.82
	动叶进口直径	D_1/m	0.35	0.46	0.59	0.73
	动叶出口直径	D_2/m	0.40	0.52	0.66	0.80
	叶高	H/m	0.0151	0.0151	0.0151	0.0151
优化目标	效率	η/%	86.42			
	功率	W/kW	1000			

图 4.1 为表示多级离心式透平级的速度三角形。多级离心式透平第一级为冲动式，后三级反动度逐级增大，静叶出气角和各级承担的焓降也逐级增大。在设计工况下，第一级静叶出口马赫数为 0.98，整个级组内流动为亚音速流动。

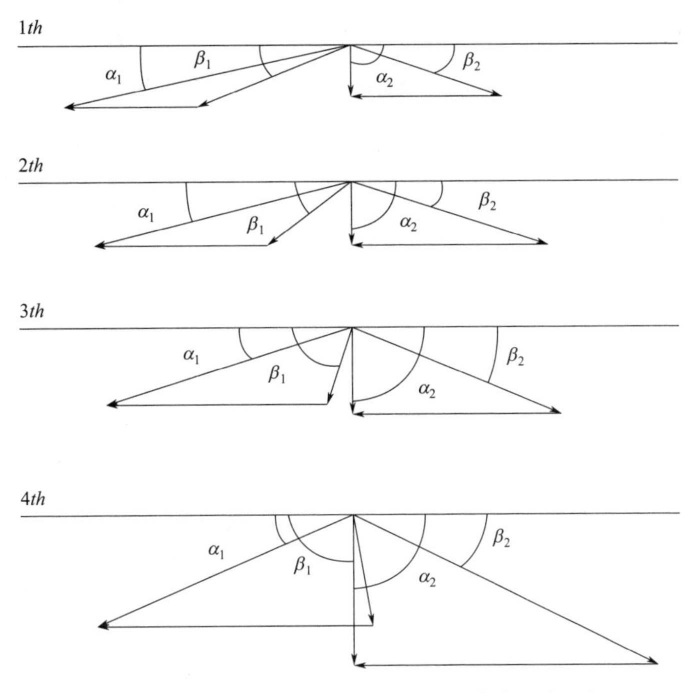

图 4.1 多级离心式透平各级的速度三角形

α_1—动叶进口绝对气流角；β_1—动叶进口相对气流角；α_2—动叶出口绝对气流角；β_2—动叶出口相对气流角

4.1.2 多级亚音速离心式透平叶型设计

多级有机工质离心式透平叶栅流道内气流最大马赫数均小于 1，气流在级内流动均为亚临界状态，根据喷嘴的流动特征可知，动静叶栅流道为渐缩形式即可满足设计要求。根据表 4.1 中两组离心式透平叶型几何参数，动静叶型主要有以下几何特征：

① 喷嘴叶型。离心式透平喷嘴叶栅进口气流方向均为径向进气（α_0=90°），喷嘴出口气流角为逐级增大，但是差别较小，各级喷嘴叶片转折角相差很小。

② 动叶叶型。该四级离心式透平的反动度逐级增大，各级的动叶叶型不同。轴流式透平中纯冲动级反动度为0时，气流在动叶内相对速度不变，没有膨胀或者压缩，叶型为对称型式。而离心透平由于圆周速度$u_1 < u_2$，离心力产生的惯性力对气流有压缩作用，动叶采用对称叶型，气流被压缩会出现负反动度。气流要通过在动叶栅中的膨胀来平衡惯性力对气流的压缩，反动度为0时，叶栅流道应为渐缩型式。同理，反动度为0.5的动叶叶栅流道与轴流式透平反动级动叶栅流道相比，为了平衡惯性离心力对气流的压缩以及气流膨胀做功的要求，动叶内流道渐缩特征比轴流式透平更加明显，动叶内转折角更大。冲动式叶型介于纯冲动式和反动式叶型之间。

利用单目标多约束条件的叶型优化设计方法，首先对四级离心式透平的动静叶进行优化设计。以总压损失系数为目标优化了各级喷嘴叶型，然后以级的轮周效率最高为目标，优化了动叶叶型。

最后进行级组的数值模拟，根据各级的气动性能，考虑级组间的流量匹配，再对各级动静叶型的调整，直至满足设计要求。优化叶型如图4.2所示。本书设计的叶片均为等叶高直叶片，其三维几何结构如图4.3所示。

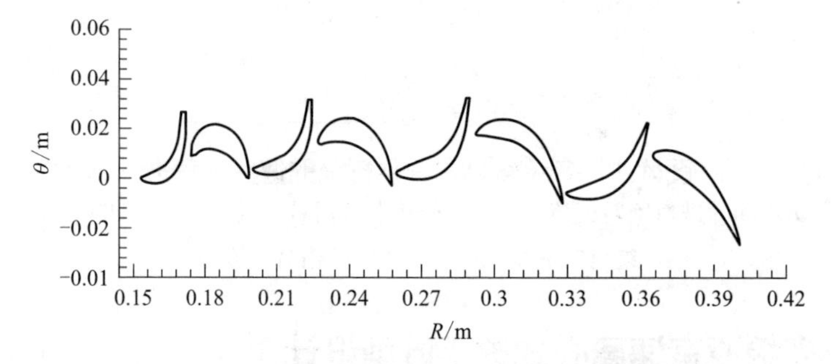

图4.2　多级有机工质离心式透平二维叶型

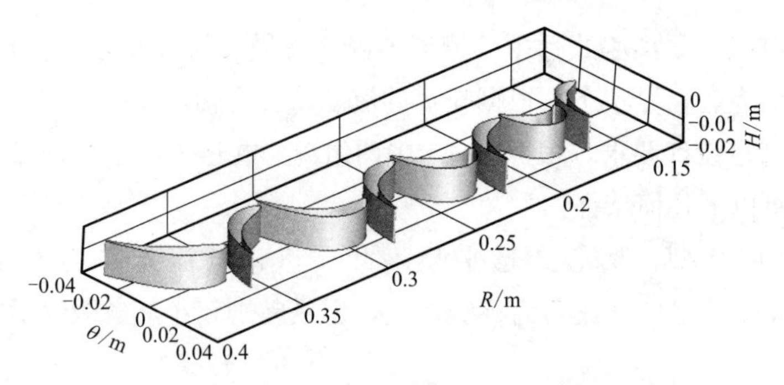

图4.3　多级有机工质离心式透平叶片三维几何结构

4.2

多级亚音速离心式透平级组的流动特性数值分析

4.2.1 数值模型

多级离心式透平共有四排静叶和四排动叶八列叶栅，在叶型优化设计和数值模拟验证时计算资源消耗较大。为了平衡计算资源的限制和计算精度的要求，数值模拟湍流模型选用 k-ε 模型，网格密度壁面法向网格增长率为 1.2，平均 y^+ 值为 45。采用 TurboGrid 对动静叶流道进行网格划分，流道内网格整体拓扑结构为 H-O-H 型，叶片周围边界层为 O 型网格。为了减小计算资源消耗，数值模型简化为单流道，设置为周期性边界条件，如图 4.4 所示单流道的多级离心式透平数值模型。边界条件设置为：进口边界条件给定总温和总压，出口边界条件为动叶出口平均静压。动静叶之间的交界面处理方法为混合平面法。

图 4.4　多级有机工质离心式透平数值模型

4.2.2 数值模拟计算结果

根据图 4.4 中多级有机工质离心式透平数值模型，利用数值模拟方法研究了多级有机工质离心式透平级组的气动性能。表 4.2 表示设计工况下利用数值模拟方法计算级组的气动性能与一维气动设计结果对比，透平的总体性能输出轴功、等熵效率和流量都与气动设计结果相差在 1% 以内。

表4.2 多级离心式透平数值模拟结果与气动设计对比

	参数	一维	数值模拟	相对误差 /%
总体性能	等熵效率 η /%	86.42	86.71	0.3
	流量 G/（kg/s）	29.54	29.58	0.13
	轴功 W/kW	1053	1058	0.47

表 4.3 为各级的速比、反动度、喷嘴出口气流角和动叶出口绝对气流角气动设计结果与数值模拟结果的对比。

表4.3 多级离心式透平数值各级模拟结果与气动设计对比

	参数	一维	数值模拟	相对误差 /%
第一级	速比	0.44	0.45	2.27
	反动度	0	−0.05	0.05
	喷嘴出气角	12	11.3	5.8
	动叶绝对出气角	0	2.612	2.612
第二级	速比	0.64	0.627	2.03
	反动度	0.27	0.258	4.4
	喷嘴出气角	14	13	7.14
	动叶绝对出气角	0	4.79	4.79
第三级	速比	0.83	0.82	1.25
	反动度	0.44	0.42	4.5
	喷嘴出气角	17	16	5.88
	动叶绝对出气角	0	−0.66	−0.66
第四级	速比	0.96	0.92	5.88
	反动度	0.54	0.50	7
	喷嘴出气角	23	22	4.34
	动叶绝对出气角	0	0.07	0.07

数值模拟结果表明等叶高直叶片的离心式透平气动性能可以满足设计要求，气动设计与数值模拟结果有较好的一致性，气动设计程序可以满足对多级有机工质离心式透平的初步设计。

4.2.3 流场特性分析

多级离心式透平叶片均为等叶高直叶片，在不同叶高处流场差别很小。利用级组 50% 叶高处的流线图、压力云图和静熵分布云图研究流场特性。图 4.5 为多级透平级组内流线图，流线光顺，没有流动分离。

图 4.5　多级离心式透平 50% 叶高处流线图

图 4.6 和图 4.7 为压力云图和静熵分布云图，气流在第一级中主要在喷嘴中膨胀，喷嘴出口速度较大，动叶中无压力降落。在后三级中反动度逐级增大，动叶内压降逐级增大。由级组整体流线图可以看出，级间动静叶之间的匹配和级与级之间的匹配较好，气流冲角很小，几乎没有冲角损失。

图 4.6　多级离心式透平 50% 叶高处压力云图

图 4.7　多级离心式透平 50% 叶高处熵增分布云图

4.3

变工况条件下，多级亚音速离心式透平热力参数变化规律

离心式透平是根据给定的热力参数和转速进行设计的，但是在实际工作过程中，受冷热源和负荷变化的影响，透平的运行工况会偏离设计值。多级离心式透平在变工况条件下，级组内流动特征发生变化，各级间的焓降重新分配，各级的速比和反动度均会变化。透平主要是通过调节转速和进出口压力来匹配功率要求，根据单级离心式透平的研究结果，本节针对以 R245fa 为工质的 MW 级四级离心式透平级组，利用数值模拟方法研究了级组在不同膨胀比的级组热力参数的分配规律。

4.3.1 级组内各级焓降的变化规律

图 4.8 为多级亚音速离心式透平在设计转速下，给定进口总温和背压时，级组进气压力在 0.813 ～ 2.5MPa 之间（膨胀比 3 ～ 9.225）变化时，各级膨胀比随膨胀比的变化曲线。

在级组膨胀比增大时，第一级膨胀比基本不变，第二级及以后各级膨胀比随着级组膨胀比的增大而增大，最末级膨胀比随着级组膨胀比的增大而急剧增大。

图 4.9 为各级焓降随级组膨胀比的变化曲线。各级焓降随着级组的膨胀比增大而增大，尤其是最末级焓降变化最大。但是在透平第一级，由于工质进口总温不变，比热比 C_p / C_v 随级组的进口压力增大而增大，在级内膨胀比基本不变时，焓降却随着级组的膨胀比增大而减小。第二级焓降在级组膨胀比大于 7 时减小也出现焓降随着级组膨胀比增大而减小，与此原理相同。

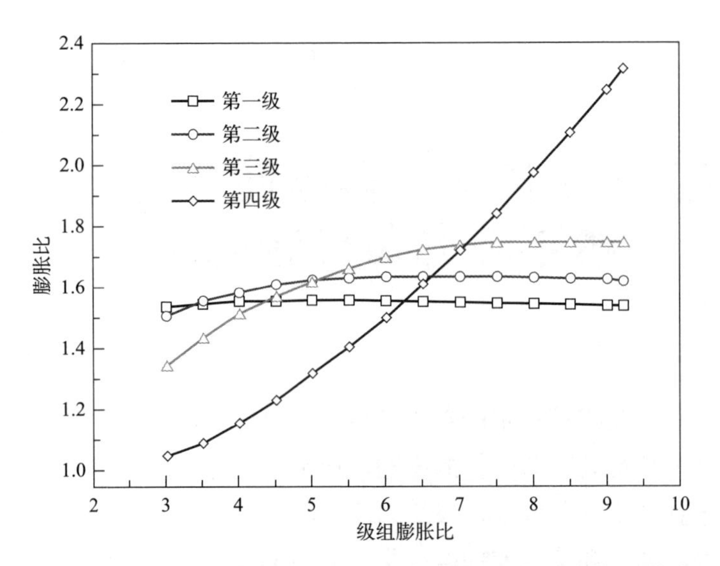

图 4.8　多级离心式透平各级膨胀比随级组膨胀比变化曲线

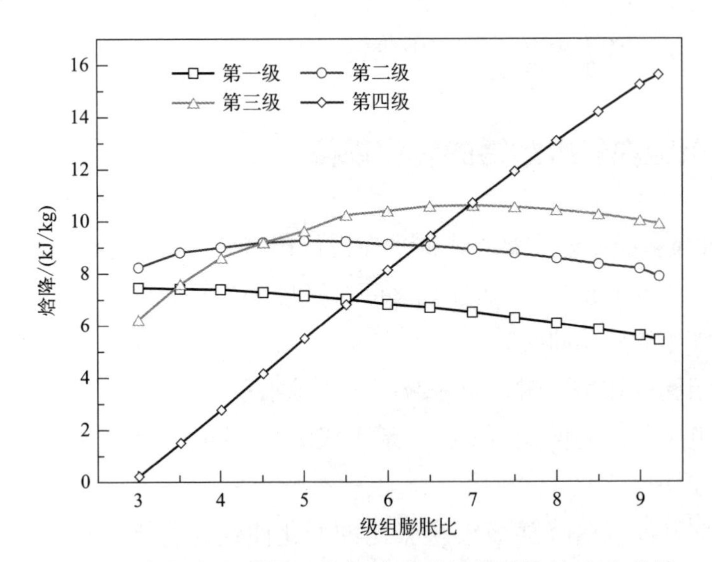

图 4.9　多级离心式透平各级焓降随级组膨胀比变化曲线

4.3.2　级组内各级反动度变化规律

在变工况条件下，各级膨胀比和焓降随级组膨胀比变化，各级内反动度也会随之变化。图 4.10 表示多级亚音速离心式透平各级反动度随膨胀比的变化规律。

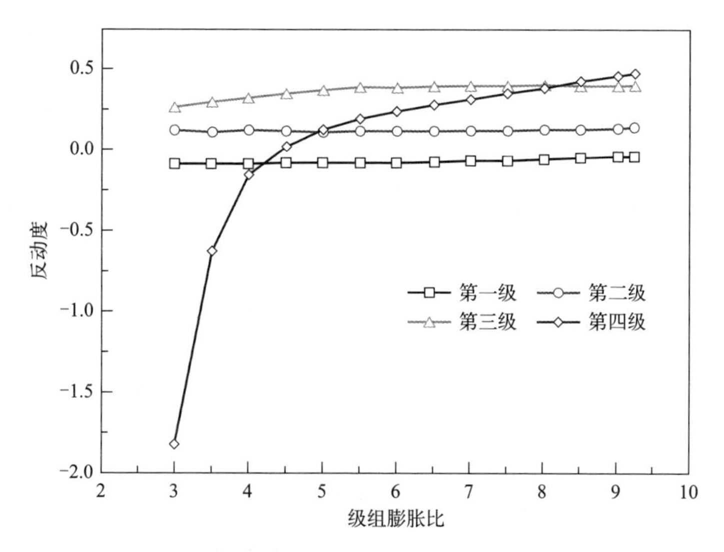

图 4.10 多级离心式透平各级反动度随膨胀比变化曲线

第一级，当级组膨胀比增大或减小时，膨胀比和焓降变化很小，级的速比基本不变，反动度也基本不变；中间级（第二、三级），随着级组膨胀比的增大，级的焓降增大，速比减小，反动度先增大后减小，但是变化较小；最末级（第四级），级组膨胀比增大时，承担主要的变工况负荷，级的膨胀比和焓降随之增大。且由于最末级原设计反动度比较大，反动度随着膨胀比的增大（焓降增大）而迅速增大，与理论分析规律一致。

4.3.3 级组内各级流量与压力的关系

级组内各级流动均在非临界状态下，忽略反动度和温度变化的影响，级组进口压力及背压的关系可用式（4.1）表示，该公式称为弗留格尔公式。级组的流量不仅与级组前进口压力有关，且与级组背压相关。弗留格尔公式适用于级数无穷多的级组，级组内级数越多，计算越精确，在级数大于 4 ～ 5 级时可以得到满意的结果，在做估算时也可运用于一个级。

$$\frac{G_1}{G}=\sqrt{\frac{p_{01}^{*2}-p_{z1}^2}{p_0^{*2}-p_z^2}} \tag{4.1}$$

式中，G 为流量，p 为压力，下标 1 为工况变动后参数。

四级离心式透平在进口总温和背压不变，级组进气压力在 0.813 ～ 2.5MPa 之间（膨胀比 3 ～ 9.225）变化时，级组内流动均处于非临界状态。

图 4.11 为多级亚音速离心式透平级组在变工况下流动为非临界状态时，级组内各级流量与进口压力变化关系曲线，实线为按照弗留格尔公式计算各级进口压力随着流量的变化曲线，试验点为数值模拟结果。除最末级外，试验点基本都落在理论计算曲线附近，数值模拟结果与弗留格尔公式计算结果基本吻合。高压级级前压力大，级前压力与级内流量近似成正比关系，流量与进口压力之间的变化规律趋近于级内临界状态的变工况特性；中间级，随着级前压力的降低，曲线斜率减小；最末级，级前压力随着流量比的变化曲线斜率最小。在膨胀比为 9 和 9.225 时，四级亚音速离心式透平级组内的流动为临界状态，由于膨胀比较大，背压对整个级组流动流量变化影响很小。多级亚音速离心式透平各级级前压力与流量的关系分析结果表明：由于有机工质透平内膨胀比较大，在临界和非临界状态下，利用弗留格尔公式均可近似表示在变工况条件下压力与流量的关系。

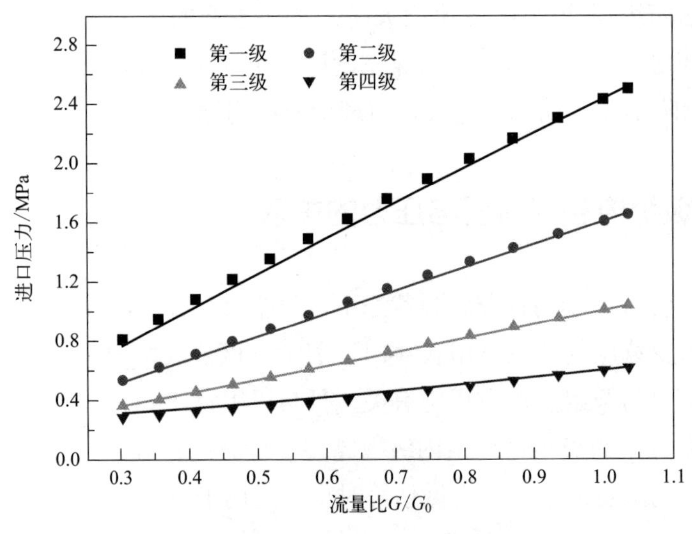

图 4.11　多级离心式透平各级前压力与流量变化关系曲线

4.4

多级亚音速离心式透平变工况性能研究

热力参数偏离设计值时，离心式透平流量、焓降和反动度随之变化，效率和功率也会改变。本节利用数值模拟方法研究了有机工质离心式透平在膨胀比和转速变化时，效率和功率的变化规律。

4.4.1 膨胀比和转速变化对透平级组效率的影响

图 4.12 为多级离心式透平等熵效率随着膨胀比的变化规律。在不同的转速下，透平等熵效率随膨胀比的增大先增大后减小，存在一个最佳膨胀比，使等熵效率达到最大值；转速越大，等熵效率曲线的峰值越向后移。转速为 1.2n_0，在膨胀比小于 5 时，级组的等熵效率迅速下降。

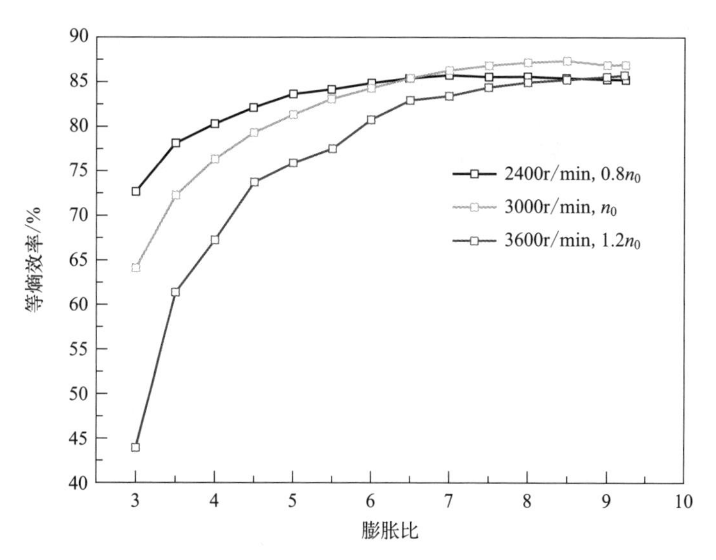

图 4.12 多级离心式透平等熵效率随膨胀比变化曲线

以膨胀比为 3 时的气动参数和流场特性说明级内等熵效率变化的原因研究结果。离心式透平在进行一维热力优化设计时，设计工况为优选出各级的最佳速比。在变工况条件下，透平实际运行速比值会偏离最佳速比。表 4.4 表示在膨胀比为 3 的工况下各级的速比与设计速比的对比。在膨胀比为 3 时，转速为 1.2n_0 时，速比偏离设计值，导致高转速低负荷的透平等熵效率急剧下降。

表4.4　速比对比

	转速	第一级	第二级	第三级	第四级
设计工况	n_0	0.45	0.66	0.83	0.96
膨胀比 3	0.8n_0	0.35	0.50	0.82	1.44
	n_0	0.43	0.62	0.97	1.54
	1.2n_0	0.52	0.70	1.09	1.90

图 4.13 和图 4.14 为膨胀比为 3 时，0.8n_0 与 1.2n_0 转速下多级亚音速离心透平流场的压力云图。在膨胀比为 3，转速为 0.8n_0 时，最末级动叶内压力分布为顺压梯度；转速为 1.2n_0 时，末级动叶内进口即产生逆压梯度。

图 4.13　膨胀比为 3、转速为 0.8n_0 时多级离心透平内压力云图

图 4.14　膨胀比为 3、转速为 1.2 n_0 时多级离心透平内压力云图

图 4.15 和图 4.16 为膨胀比为 3、转速为 $0.8n_0$ 和 $1.2n_0$ 的工况下四级离心透平级组内的流线图。转速为 $1.2n_0$ 时，仅在第二级动叶入口有冲角，在最末级动叶流道内出现涡流。转速为 $1.2n_0$ 时，第三级和第四级在动叶入口有较大的冲角，冲角损失大，末级在静叶栅流道内出现涡流，因此在 $1.2n_0$ 时透平效率较低。

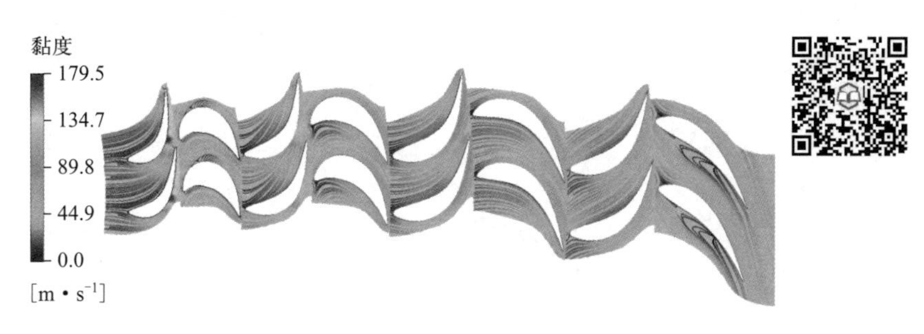

图 4.15 膨胀比为 3、转速为 $0.8n_0$ 时透平内流线图

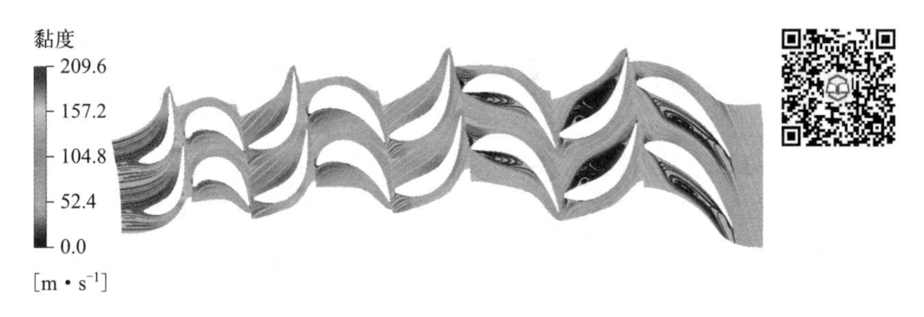

图 4.16 膨胀比为 3、转速为 $1.2n_0$ 透平内流线图

综上可知，在高转速低膨胀比时，由于圆周速度大，级的理想焓降小，速比远大于设计速比，效率急剧下降；反之，在低转速高膨胀比时，级的理想焓降大，圆周速度减小，速比远小于设计速比，也会导致效率下降。但是受到热源条件的限制，有机朗肯循环一般不会出现进口压力过高的工况，而在进口压力降低，膨胀比较小时，降低转速运行可改善透平性能。

4.4.2 膨胀比和转速变化对透平级组功率的影响

由上节分析可知，膨胀比减小时，级的流量、焓降和等熵效率均会改变，轴功也会随之改变。图 4.17 为多级亚音速离心式透平轴功随膨胀比的变化曲线，当级内膨胀比增大，透平流量和焓降增大，透平输出轴功随着膨胀比的增大而增大。

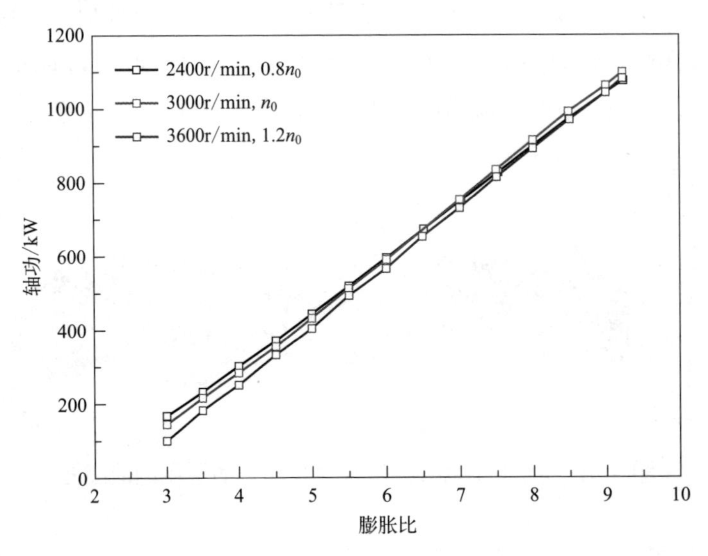

图 4.17　多级离心式透平轴功随膨胀比变化曲线

级组轴功改变主要是由各级轴功改变引起的，图 4.18 表示多级亚音速离心式透平在不同转速下，最末级轴功随着膨胀比的变化。转速为 $1.2n_0$ 时，膨胀比小于 5 时输出轴功明显急剧减小，膨胀比为 3 时最末级做负功。因此在转速为 $1.2n_0$，在膨胀比小于 5 时，级组的等熵效率迅速下降。

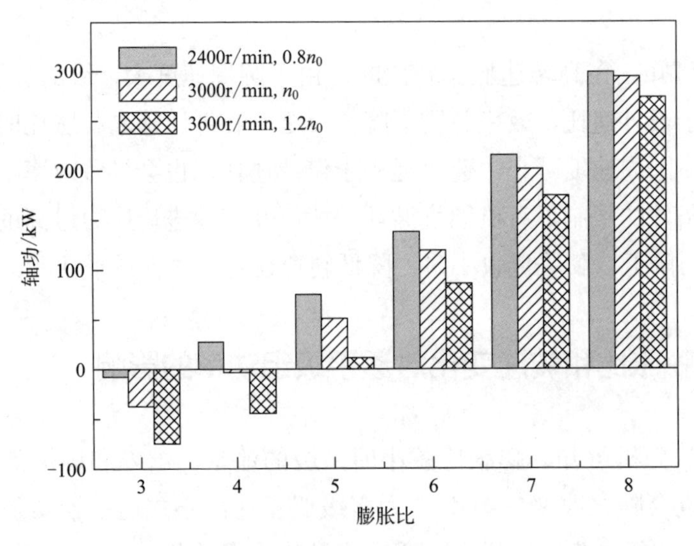

图 4.18　不同转速下多级离心式透平第四级输出轴功对比

4.5
本章小结

本章根据离心式透平气动设计方法设计了以 R245fa 为工质的 MW 级四级亚音速离心式透平。然后利用单目标多约束条件的叶型优化设计方法，进行了叶型优化设计，并利用数值模拟方法验证了级和级组的气动性能。主要内容总结如下。

① 利用数值模拟方法验证了多级离心式透平的气动性能，结果表明：四级离心式透平气动性能符合预期，透平流场内流线顺畅，没有流动分离和流动堵塞。等叶高直叶片可满足离心式透平气动设计要求，子午面上流动特征相同。四级离心式透平流量、效率和轴功与一维气动设计值偏差均在 1% 以内，一维气动优化设计程序能可靠对多级有机工质离心式透平进行初步设计。

② 研究了多级有机工质离心式透平级的焓降、反动度和流量的变化规律。多级离心式透平级组膨胀比变化时，各级的膨胀比、焓降和反动度变化从高压级到低压级逐级增大，最末级变化最大。级组流量变化可用弗留格尔公式近似计算，高压级进口压力大，进口压力与级内流量近似成正比关系，流量与进口压力之间的变化规律趋近于级内为临界状态的变工况特性；中间级，随着进口压力的减小，曲线斜率减小；最末级，进口压力随着流量比的变化曲线斜率最小。

③ 研究了转速和膨胀比变化时，多级离心式透平效率和轴功的变化规律。离心式透平等熵效率随着膨胀比的增大先增大后减小，转速越高，效率曲线随着膨胀比的变化越剧烈。多级离心式透平级组膨胀比变化时，级组的变工况负荷主要由最末级承担，最末级效率和轴功变化最大。

第5章

有机工质离心式透平叶轮的强度校核

离心式透平是高速旋转机械，安全运行不仅要有良好的气动性能，同时还要保证合格的强度。本章在气动设计完成以后，采用有限元法基于应力分析对离心透平核心部件叶轮的强度进行了校核，判断强度是否满足要求。

5.1 叶轮强度分析理论基础

5.1.1 有限元法

叶轮在工作状态下受到多种载荷的影响，包括高速旋转产生的离心力，气流热力状态不同产生的压差力，温度不均匀产生的热应力等。传统方法是将叶轮近似分为若干等厚部分，采用二次计算法计算叶轮应力，此方法求解原理简单，但是结果并不精确。随着计算机技术的发展，采用有限元方法来进行叶轮强度分析越来越普遍[113]。有限元法首先将几何体离散，用小单元组合体来代替原来的连续性几何体，并依靠节点连接互相独立的小单元几何体。然后按照力学原理建立节点力与节点位移之间的关系，并按照最小位能理论，求解转子力平衡方程组，得到各节点位移。然后根据节点位移与单元中任意一点位移之间的形函数关系，得到单元中任意一点的位移。基于转子应力与应变之间的几何方程及虎克定律，求解单元中全部点的应力和应变，得到整个转子应力和应变分布。

5.1.2 屈服准则

叶轮机械的强度校核主要考虑屈服极限、蠕变极限和疲劳强度极限，当叶轮工作温度较低时，采用屈服极限对叶轮强度进行校核。常用的塑性屈服理论是最大剪应力理论和形状改变比能理论。

最大剪切应力理论又称第三强度理论，该理论认为塑性材料的屈服主要是由最大切应力引起的。任意应力状态下，有：

$$\sigma_{\max}=\sigma_1,\sigma_{\min}=\sigma_3,\tau_{\max}=\frac{\sigma_1-\sigma_3}{2} \tag{5.1}$$

塑性材料的屈服准则：

$$\sigma_s=\sigma_1-\sigma_3 \tag{5.2}$$

式中 σ_s 为材料的屈服极限，将 σ_s 除以安全系数得到许用应力 $[\sigma]$，就可以得到第三强度理论：

$$\sigma_1-\sigma_3\leqslant[\sigma] \tag{5.3}$$

形变改变比能理论又称第四强度理论，认为塑性材料屈服失效是由畸变能密度超限引起的，当材料的畸变能密度达到塑性材料的极限值，材料就会屈服失效。畸变能密度屈服准则为：

$$\sqrt{\frac{1}{2}\left((\sigma_1-\sigma_2)^2+(\sigma_2-\sigma_3)^2+(\sigma_3-\sigma_1)^2\right)}=\sigma_s \tag{5.4}$$

将 σ_s 除以安全系数得到许用应力 $[\sigma]$，所以第四强度理论的强度条件是：

$$\sqrt{\frac{1}{2}\left((\sigma_1-\sigma_2)^2+(\sigma_2-\sigma_3)^2+(\sigma_3-\sigma_1)^2\right)}\leqslant[\sigma] \tag{5.5}$$

本章对有机工质离心式透平的叶轮进行强度校核时采用 Mises 屈服条件，即 Mises 等效应力值 σ_i 为：

$$\sigma_i=\sqrt{\frac{1}{2}\left((\sigma_1-\sigma_2)^2+(\sigma_2-\sigma_3)^2+(\sigma_3-\sigma_1)^2\right)}\leqslant[\sigma] \tag{5.6}$$

5.2

有机工质离心式透平叶轮模型

5.2.1 叶轮几何结构

本书设计的离心式透平为单向进气，轮盘为悬臂式结构，整体通流部分结构如图 5.1 所示。

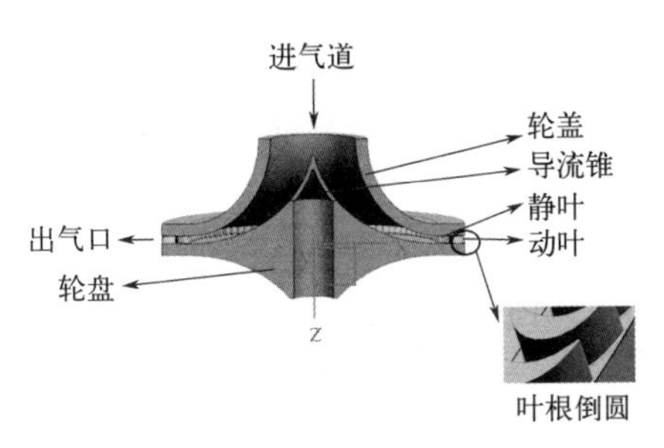

图 5.1 离心式透平通流部分结构

图 5.2 叶轮结构

叶轮由轮盘和叶片组成，建模过程中不考虑加工制造焊接等造成的误差，单级跨音速透平叶轮结构如图 5.2 所示。动叶均匀圆周阵列在轮盘上，轮盘的轮毂形状结合进气道的设计确定，为轴向 - 径向进气管上的圆弧曲线。轴的设计按照机械设计标准进行估算[114]，计算公式如式（5.7）所示：

$$d=\sqrt[3]{\frac{M_n}{0.2[\tau]}},M_{\mathrm{n}}=9.55\frac{P}{n} \tag{5.7}$$

式中，M_{n} 为扭矩，P 为计算功率，在此处计算功率为透平额定功率的 1.2 倍。n 为透平转速，$[\tau]$为材料的许用切应力。

为了避免叶根与轮盘接触位置发生应力奇异现象（即网格趋于无穷小

时，应力趋于无穷大)，影响计算的准确性，在叶根与轮盘接触处通过倒圆角连接。

5.2.2 材料选择

本书设计的离心式透平用于有机朗肯循环系统，工作温度低于150℃。与蒸气透平相比，透平工作温度低，对材料耐高温性能要求较低，材料选择主要考虑是否满足强度要求。常用于有机工质透平叶轮材料有合金钢、铝合金和钛合金材料，本书针对这三种材料，分析对离心式透平叶轮的强度进行校核。表 5.1 为三种材料的物理性能参数，其中密度、杨氏模量、泊松比值差别较小，采用材料属性数据库的默认定义值。但是在合金材料中，添加合金元素不同，材料屈服强度差别较大，本书叶轮选用材料分别为：合金钢材料为 34CrNi3Mo 或 35CrMoWV，铝合金为变形合金 2××× 系或 7××× 系，钛合金材料选择为 TC4 或 TC6，屈服强度值见表 5.1。

表5.1　叶轮材料物理性能参数

材料	密度/(kg/m^3)	杨氏模量/GPa	泊松比	剪切模量/GPa	屈服强度/MPa
合金钢	7850	200	0.3	76	750
铝合金	2770	71	0.33	267	400
钛合金	4620	96	0.36	35	900

5.2.3 网格划分

离心式透平叶轮结构复杂，一般选用四面体单元来进行网格划分。本书选用了精度高、能准确模拟复杂形状的 Solid187 单元生成了叶轮网格。考虑到叶片与轮盘连接处易产生应力集中，在叶片与轮盘倒角圆处进行了局部网格加密。生成的网格示意图如图 5.3 所示。

图 5.3 离心式透平叶轮网格划分

5.2.4 加载约束与载荷

叶轮在高速下工作，承受多种应力。由于有机工质离心式透平工作温度低，工质在透平中温度变化较小，忽略热应力的影响。本书计算中仅考虑了离心力和气流力的作用。

离心力通过加载离心场加载到叶轮上，即通过给定全局圆周速度加载离心力，本书叶轮转速为 3000rpm。叶轮加载气流力的方法通过弱耦合的方式加载，将级的数值模拟气动分析计算中叶片吸力面和压力面的压力加载到叶片表面，加载方式如图 5.4 所示。叶轮置于全局圆柱坐标系下，约束条件为约束轮盘轴孔的切向位移和轴向位移。

图 5.4 约束以及载荷加载

5.3

离心式透平叶轮强度分析

5.3.1 叶轮几何结构

两组 MW 级有机工质离心式透平叶轮设计，在动叶叶根与叶轮结合处通过面倒圆的方式连接，面倒圆的直径为 0.6mm。叶轮主要几何参数如表 5.2 所示。

表5.2 MW级叶轮的主要几何参数

	单级跨音速透平	四级透平
叶轮厚度 θ/m	0.04	0.04
叶轮外径 D/m	0.95	0.814
轴孔直径 d/m	0.07	0.07
叶根处面倒圆直径 r/m	0.00006	0.00006
动静间隙 Δ/m	0.0004	0.0002

5.3.2 计算结果与分析

在额定转速下，利用有限元法分别计算叶轮选择合金钢、铝合金、钛合金材料时，在离心力和气流力作用下的等效应力与总变形量。

图 5.5 ～图 5.7 为 MW 级单级跨音速叶轮的等效应力和总变形量分布云图。

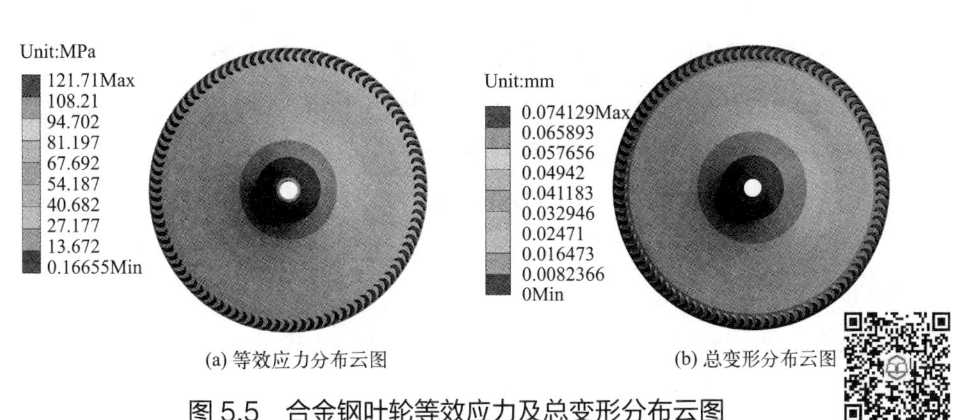

(a) 等效应力分布云图　　(b) 总变形分布云图

图 5.5　合金钢叶轮等效应力及总变形分布云图

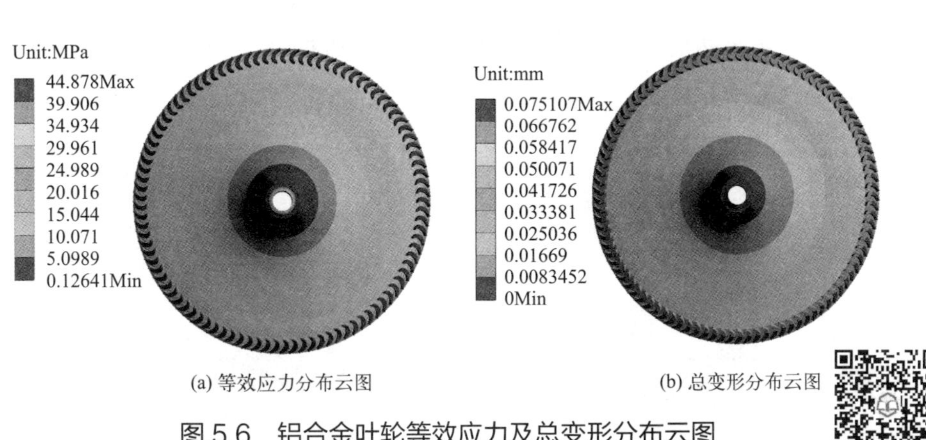

(a) 等效应力分布云图　　(b) 总变形分布云图

图 5.6　铝合金叶轮等效应力及总变形分布云图

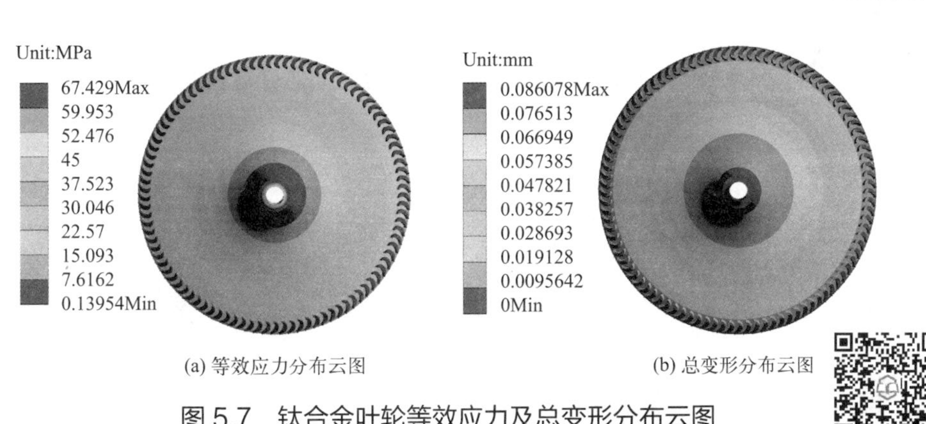

(a) 等效应力分布云图　　(b) 总变形分布云图

图 5.7　钛合金叶轮等效应力及总变形分布云图

在离心力和气流力的共同作用下，在叶轮径向方向上，最大等效应力位置为叶轮中间。在叶片展向方向上，最大等效应力在叶片前缘根部与轮盘结合处，从叶根到叶顶，应力逐渐减小。根据安全准则计算，合金钢的安全系数为 6.198，而铝合金和钛合金的安全系数为 9.09、13.43。最大等效应力远小于材料屈服强度，采用三种材料均是安全的。

叶轮的总变形量沿着径向越来越大，在叶轮最外径叶顶处总变形量最大。叶轮采用三种材料的最大等效应力值远远小于材料的屈服强度，叶轮的总变形量也远远小于动静间隙 4mm，不会发生动静碰撞和摩擦。

图 5.8 ～图 5.10 为 MW 级四级亚音速透平叶轮分别采用合金钢、合金铝、钛合金时，等效应力分布云图与总变形量分布云图。采用三种材料时，叶轮上等效应力分布规律相同，等效应力最大值均出现在最末级叶片前缘根部。由于在最末级叶片根部离心力较大，而且级反动度很大，气流压差力也较大，等效应力最大。

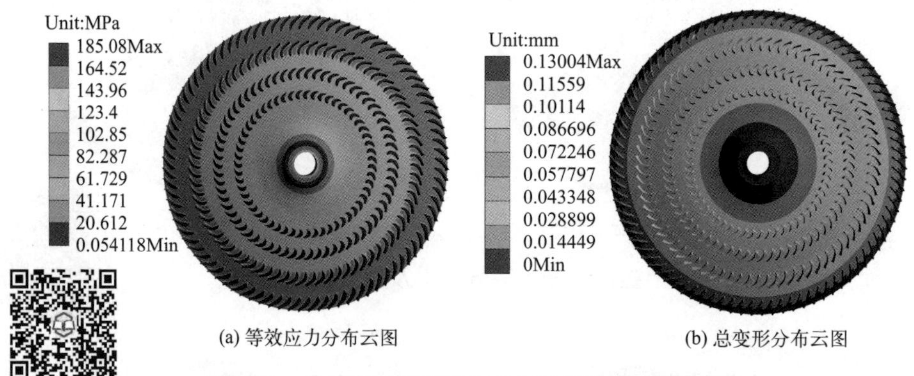

(a) 等效应力分布云图　　(b) 总变形分布云图

图 5.8　合金钢叶轮等效应力及总变形分布云图

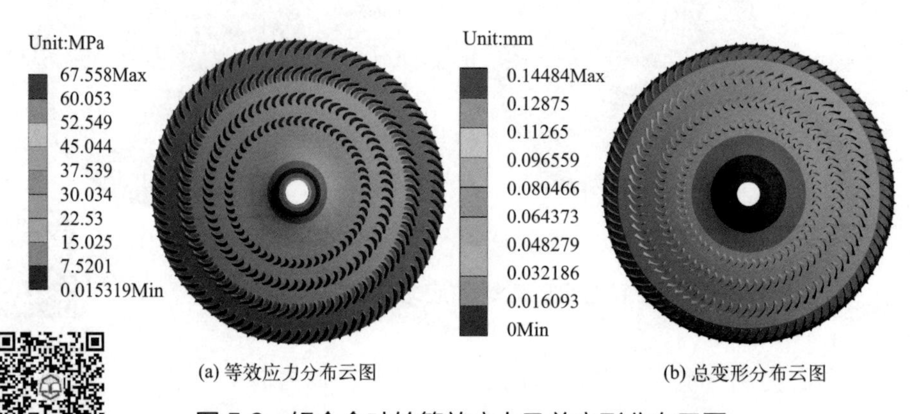

(a) 等效应力分布云图　　(b) 总变形分布云图

图 5.9　铝合金叶轮等效应力及总变形分布云图

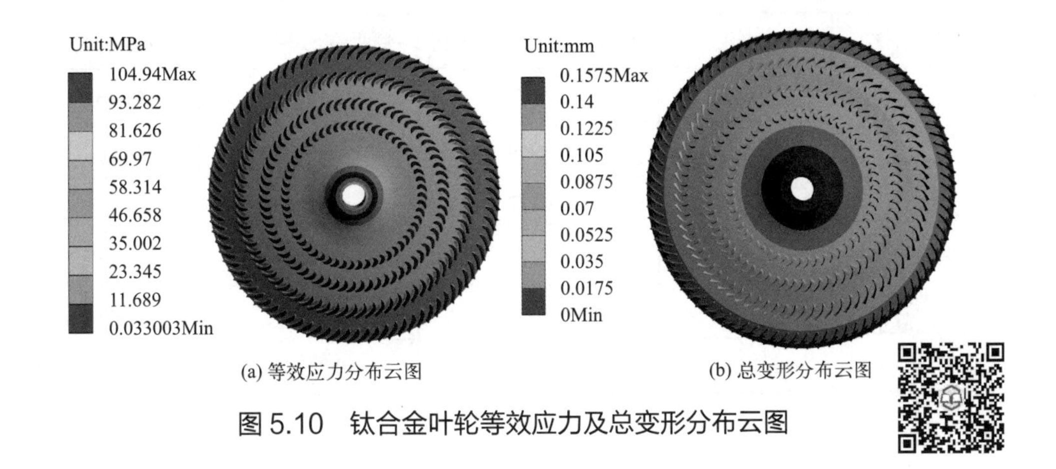

图 5.10　钛合金叶轮等效应力及总变形分布云图

在动叶展向上，从根部到顶部等效应力逐渐减小。根据安全准则计算，合金钢的安全系数为 4.05，而铝合金和钛合金的安全系数为 5.92、8.65。最大等效应力远小于材料屈服强度，采用三种材料均是安全的。

叶片总变形量云图显示，叶轮最大总变形量的位置为叶片顶部尾缘，钛合金叶轮总变形量最大为 0.15mm，不同材料变形量相差很小，均小于动静间隙，不会出现动静碰撞及摩擦。

5.3.3　破坏转速下叶轮强度分析

为了校核叶轮在特殊工况下的安全性选取破坏转速为设计转速的 1.2 倍，在该转速下校核了叶轮的强度。叶轮工作转速为 3000rpm，其破坏转速为 3600rpm。结果显示叶轮上等效应应力与总变形量分布规律与额定转速下分布规律相同，最大应力值仍在气流进口叶根与轮毂平面交界处，最大总变形量在末级动叶叶顶外缘。

表 5.3 表示离心式透平在破坏转速下最大等效应力和最大总变形量。采用三种材料时，跨音速和亚音速叶轮，最大等效应力值均远远小于材料的屈服强度。其最大变形量相差不大，最大值为 0.2mm，远小于动静间隙。因此两种形式的叶轮采用三种材料均能满足强度要求。

表5.3　MW级离心式透平破坏转速下叶轮强度计算结果

透平形式	材料	最大等效应力 /MPa	最大变形量 /mm	安全倍率
单级跨音速 3600r/min	合金钢	172.57	0.10593	4.346
	铝合金	61.959	0.10591	6.4558
	钛合金	94.477	0.12201	9.526
四级 3600r/min	合金钢	263.29	0.18331	2.848
	铝合金	94.15	0.19415	4.248
	钛合金	147.93	0.21742	6.082

5.4

本章小结

本章采用有限元法校核了有机工质离心式透平叶轮强度。研究了在离心力和气流力共同作用下，离心式透平叶轮在设计转速和最大破坏转速下的叶轮应力和应变分布规律。等效应力最大值在最末级动叶前缘根部，总变形量最大值在末级动叶片叶顶尾缘。在破坏转速和设计转速下，两组离心式透平采用三种常用的合金材料叶轮的等效应力均远小于材料的许用应力。

参考文献

[1] Ray S K，Moss G. Fluorochemicals as working fluids for small rankine cycle power units[J]. Advanced Energy Conversion，1966，6（2）：89-102.

[2] 于立军，朱亚东，吴元旦 . 中低温余热发电技术 [M]. 上海：上海交通大学出版社，2015.

[3] 王大彪，段捷，胡哺松，等 . 有机朗肯循环发电技术发展现状 [J]. 节能技术，2015，33（03）：235-242.

[4] Legmann H. Recovery of industrial heat in the cement industry by means of the ORC process： Cement Industry Technical Confernece，2002. Ieee-Ias/pca[C]，2002.

[5] 李鹏程 . 基于复叠朗肯循环的太阳能热发电系统的优化和关键单元的实验研究 [D]. 北京：中国科学技术大学，2016.

[6] Ho T，Mao S S，Greif R. Increased power production through enhancements to the Organic Flash Cycle （OFC）[J]. Energy，2012，45（1）：686-695.

[7] Li P，Jing L，Gang P，et al. A cascade organic Rankine cycle power generation system using hybrid solar energy and liquefied natural gas[J]. Solar Energy，2016，127：136-146.

[8] Lecompte S，Ameel B，Ziviani D，et al. Exergy analysis of zeotropic mixtures as working fluids in Organic Rankine Cycles[J]. ENERGY CONVERSION AND MANAGEMENT，2014，85：727-739.

[9] Liu B T，Chien K H，Wang C C. Effect of working fluids on organic Rankine cycle for waste heat recovery[J]. Energy，2004，29（8）：1207-1217.

[10] Cayer E，Galanis N，Nesreddine H. Parametric study and optimization of a transcritical power cycle using a low temperature source[J]. Applied Energy，2010，87（4）：1349-1357.

[11] 王智，于一达，韩中合，等 . 低温再热式有机朗肯循环的参数优化 [J]. 热力发电，2013，V42（05）：22-29.

[12] 赵国昌，王永，Scott Thompson，等 . 太阳能再热式有机朗肯循环发电系统性能研究 [J]. 农业机械学报，2016，V47（02）：215-221.

[13] Gang P，Jing L，Jie J. Analysis of low temperature solar thermal electric generation using regenerative Organic Rankine Cycle[J]. APPLIED THERMAL ENGINEERING，

2010，30（8-9）：998-1004.

［14］曹园树，胡冰，梁立鹏，等．基于［火用］分析的再热 / 抽气回热 / 内回热有机朗肯循环的优化［J］. 可再生能源，2015，33（5）：741-746.

［15］Mago P J，Chamra L M，Srinivasan K，et al. An examination of regenerative organic Rankine cycles using dry fluids［J］. Applied Thermal Engineering，2008，28（8）：998-1007.

［16］徐荣吉，席奂，何雅玲．内回热 / 无回热有机朗肯循环的实验研究［J］. 工程热物理学报，2013（02）：205-210.

［17］韩中合，潘歌，范伟，等．内回热器对低温有机朗肯循环热力性能的影响及工质选择［J］. 化工进展，2016（01）：40-47.

［18］Desai N B，Bandyopadhyay S. Process integration of organic Rankine cycle［J］. Energy，2009，34（10）：1674-1686.

［19］Heberle F，Brueggemann D. Exergy based fluid selection for a geothermal Organic Rankine Cycle for combined heat and power generation［J］. Applied Thermal Engineering，2010，30（11-12）：1326-1332.

［20］Hung T C，Shai T Y，Wang S K. A review of organic rankine cycles （ORCs） for the recovery of low-grade waste heat［J］. Energy，1997，22（7）：661-667.

［21］Mago P J，Chamra L M，Somayaji C. Performance analysis of different working fluids for use in organic Rankine cycles［J］. Proceedings of the Institution of Mechanical Engineers Part A-Journal of Power and Energy，2007，221（A3）：255-264.

［22］Saleh B，K G，W M. Working fluids for low temperature organic Rankine cycles［J］. energy，2007，32：1210-1221.

［23］Tchanche B F，Papadakis G，Lambrinos G，et al. Fluid selection for a low-temperature solar organic Rankine cycle［J］. Applied Thermal Engineering，2009，29（11-12）：2468-2476.

［24］李艳．低温有机朗肯循环及其透平的研究与设计［D］. 北京：清华大学，2013.

［25］潘利生．低温发电有机朗肯循环优化及辐流式气轮机性能研究［D］. 天津：天津大学，2012.

［26］Wang E H，Zhang H G，Fan B Y，et al. Study of working fluid selection of organic Rankine cycle（ORC）for engine waste heat recovery［J］. Energy，2011，36（5）：3406-3418.

［27］ Rahbar K，Mahmoud S，Al-Dadah R K，et al. Review of organic Rankine cycle for small-scale applications[J]. Energy Conversion and Management，2017，134：135-155.

［28］ Quoilin S，Lemort V，Lebrun J. Experimental study and modeling of an Organic Rankine Cycle using scroll expander[J]. Applied Energy，2010，87（4）：1260-1268.

［29］ Qiu G，Shao Y，Li J，et al. Experimental investigation of a biomass-fired ORC-based micro-CHP for domestic applications[J]. Fuel，2012，96（1）：374-382.

［30］ Twomey B，Jacobs P A，Gurgenci H. Dynamic performance estimation of small-scale solar cogeneration with an organic Rankine cycle using a scroll expander[J]. Applied Thermal Engineering，2013，51（1-2）：1307-1316.

［31］ Badr O，Probert D，O'Callaghan P W. Selection of operating conditions and optimisation of design parameters for multi-vane expanders[J]. Applied Energy，1986，23（1）：1-46.

［32］ Badr O，O'Callaghan P W，Probert S D. Multi-vane expanders： Geometry and vane kinematics[J]. Applied Energy，1985，19（3）：159-182.

［33］ Badr O，Probert S D，O'Callaghan P. Performances of multi-vane expanders[J]. Applied Energy，1985，20（3）：207-234.

［34］ Badr O，O'Callaghan P W，Hussein M，et al. Multi-vane expanders as prime movers for low-grade energy organic Rankine-cycle engines[J]. Applied Energy，1984，16（2）：129-146.

［35］ 顾伟 . 低品位热能有机物朗肯动力循环机理研究和实验验证 [D]. 上海：上海交通大学，2010.

［36］ Leibowitz H，Smith I K，Stosic N. Cost Effective Small Scale ORC Systems for Power Recovery From Low Grade Heat Sources： ASME 2006 International Mechanical Engineering Congress and Exposition[C]，2006.

［37］ 穆永超，张于峰，邓娜 . 螺杆膨胀机发电机组的实验研究与仿真设计 [J]. 太阳能学报，2015，36（10）：2411-2416.

［38］ 穆永超，张于峰，邓娜，等 . 双循环螺杆膨胀发电机组实验分析与研究 [J]. 太阳能学报，2015，36（12）：3028-3033.

［39］ Zhang Y Q，Wu Y T，He W，et al. Experimental Study on the Influence of Rotational Speed on the Performance of a Single-screw Expander with a 175 mm Screw

Diameter[J]. International Journal of Green Energy，2015，12（3）：257-264.

[40] Saitoh T，Yamada N，Wakashima S I. Solar Rankine Cycle System Using Scroll Expander[J]. Journal of Environment & Engineering，2007，2（4）：708-719.

[41] Gao P，Jiang L，Wang L W，et al. Simulation and experiments on an ORC system with different scroll expanders based on energy and exergy analysis[J]. Applied Thermal Engineering，2015，75（SI）：880-888.

[42] Wang W，Wu Y，Ma C，et al. Preliminary experimental study of single screw expander prototype[J]. Applied Thermal Engineering，2011，31（17-18）：3684-3688.

[43] Brasz J J，Smith I K，Stosic N. Development of a Twin Screw Expressor as a Throttle Valve Replacement for Water-Cooled Chillers[J]. 2000.

[44] Li G，Lei B，Wu Y，et al. Influence of inlet pressure and rotational speed on the performance of high pressure single screw expander prototype[J]. Energy，2018，147：279-285.

[45] Zhang Y，Wu Y，Xia G，et al. Development and experimental study on organic Rankine cycle system with single-screw expander for waste heat recovery from exhaust of diesel engine[J]. Energy，2014，77：499-508.

[46] Cipollone R，Bianchi G，Di Battista D，et al. Mechanical energy recovery from low grade thermal energy sources[M]//Morini G L，Bianchi M，Saccani C，et al. Energy Procedia. 2014：121-130.

[47] Wang X D，Zhao L，Wang J L，et al. Performance evaluation of a low-temperature solar Rankine cycle system utilizing R245fa[J]. Solar Energy，2010，84（3）：353-364.

[48] Glavatskaya Y，Podevin P，Lemort V，et al. Reciprocating Expander for an Exhaust Heat Recovery Rankine Cycle for a Passenger Car Application[J]. Energies，2012，5（6）：1751-1765.

[49] Clemente S，Micheli D，Reini M，et al. Performance Analysis and Modeling of Different Volumetric Expanders for Small-Scale Organic Rankine Cycles：ASME 2011 5th International Conference on Energy Sustainability[C]，2011.

[50] Harinck J，Turunen-Saaresti T，Colonna P，et al. Computational Study of a High-Expansion Ratio Radial Organic Rankine Cycle Turbine Stator[J]. Journal of Engineering for Gas Turbines and Power-Transactions of the ASME，2010，132

（0545015）.

［51］Fiaschi D，Manfrida G，Maraschiello F. Thermo-fluid dynamics preliminary design of turbo-expanders for ORC cycles[J]. Applied Energy，2012，97：601-608.

［52］Lisheng P，Huaixin W. Improved analysis of Organic Rankine Cycle based on radial flow turbine[J]. Applied Thermal Engineering，2013，61（2）：606-615.

［53］Rahbar K，Mahmoud S，Al-Dadah R K，et al. Modelling and optimization of organic Rankine cycle based on a small-scale radial inflow turbine[J]. Energy Conversion and Management，2015，91：186-198.

［54］Kang S H，Chung D H. Design and Experimental Study of Organic Rankine Cycle（orc）and Radial Turbine[M]//2012：1037-1043.

［55］Al Jubori A M，Al-Dadah R K，Mahmoud S，et al. Modelling and parametric analysis of small-scale axial and radial outflow turbines for Organic Rankine Cycle applications[J]. Applied Energy，2017，190：981-996.

［56］Kang S H. Design and experimental study of ORC （organic Rankine cycle） and radial turbine using R245fa working fluid[J]. Energy，2012，41（1）：514-524.

［57］Fiaschi D，Manfrida G，Maraschiello F. Design and performance prediction of radial ORC turboexpanders[J]. Applied Energy，2015，138：517-532.

［58］Rohlik H E. Analytical determination of radial inflow turbine design geometry for maximum efficiency[J]. 1968.

［59］Wasserbauer C A，Glassman A J. FORTRAN program for predicting off-design performance of radial-inflow turbines[J]. 1975.

［60］Glassman A J. Computer program for design analysis of radial-inflow turbines[J]. 1976.

［61］Meitner P L，Glassman A J. Computer code for off-design performance analysis of radial-inflow turbines with rotor blade sweep[J]. 1983.

［62］Sauret E，Gu Y. Three-dimensional off-design numerical analysis of an organic Rankine cycle radial-inflow turbine[J]. Applied Energy，2014，135：202-211.

［63］Li Y，Ren X. Investigation of the organic Rankine cycle （ORC） system and the radial-inflow turbine design[J]. Applied Thermal Engineering，2016，96：547-554.

［64］Moroz L，Kuo C R，Guriev O，et al. Axial Turbine Flow Path Design for an Organic Rankine Cycle Using R-245fa：ASME Turbo Expo 2013：Turbine Technical Conference and Exposition[C]，2013.

[65] Fu B，Lee Y，Hsieh J. Design，construction，and preliminary results of a 250-kW organic Rankine cycle system[J]. Applied Thermal Engineering，2015，80：339-346.

[66] Klonowicz P，Borsukiewicz-Gozdur A，Hanausek P，et al. Design and performance measurements of an organic vapour turbine[J]. Applied Thermal Engineering，2014，63（1）：297-303.

[67] Klonowicz P，Heberle F，Preissinger M，et al. Significance of loss correlations in performance prediction of small scale，highly loaded turbine stages working in Organic Rankine Cycles[J]. Energy，2014，72：322-330.

[68] Colonna P，Harinck J，Rebay S，et al. Real-gas effects in organic Rankine cycle turbine nozzles[J]. Journal of Propulsion and Power，2008，24（2）：282-294.

[69] Al Jubori A，Daabo A，Al-Dadah R K，et al. Development of micro-scale axial and radial turbines for low-temperature heat source driven organic Rankine cycle[J]. Energy Conversion and Management，2016，130：141-155.

[70] Ljungström F. The development of the ljungström steam turbine and air preheater[J]. ARCHIVE Proceedings of the Institution of Mechanical Engineers 1847-1982 （vols 1-196），1949，160（1949）：211-223.

[71] Sekavdnik M，Tuma M，Ii D F. Characteristics of one stage radial centrifugal turbine：International Gas Turbine and Aeroengine Congress and Exhibition[C]，1998. American Society of Mechanical Engineers.

[72] Brun K，Mckee R J，Smalley A J，et al. A Novel Centrifugal Flow Gas Turbine Design：ASME Turbo Expo 2004：Power for Land，Sea，and Air[C]，2004.

[73] Brun K，Gernentz R S. Prototype Development of a Novel Radial Flow Gas Turbine：Combustor Development：ASME Turbo Expo 2006：Power for Land，Sea，and Air[C]，2006.

[74] Brun K. SwRI develops low-cost centrifugal gas turbine[J]. Pipeline & Gas Journal，2005（Oct）.

[75] Persico G，Pini M，Dossena V，et al. Aerodynamic Design and Analysis of Centrifugal Turbine Cascades[M]//2013.

[76] Persico G，Pini M，Dossena V，et al. Aerodynamics of Centrifugal Turbine Cascades[J]. Journal of Engineering for Gas Turbines and Power-Transactions of the ASME，2015，137（11260211）.

[77] Persico G，Dossena V，Gaetani P，et al. Optimal Aerodynamic Design of a Transonic Centrifugal Turbine Stage for Organic Rankine Cycle Applications[J]. Energy Procedia，2017，129：1093-1100.

[78] Pini M，Persico G，Pasquale D，et al. Adjoint Method for Shape Optimization in Real-Gas Flow Applications[J]. Journal of Engineering for Gas Turbines and Power-Transactions of the ASME，2015，137（0326043）.

[79] Casati E，Vitale S，Pini M，et al. Centrifugal Turbines for Mini-Organic Rankine Cycle Power Systems[J]. Journal of Engineering for Gas Turbines and Power-Transactions of the ASME，2014，136（12260712）.

[80] Pini M，Spinelli A，Persico G，et al. Consistent look-up table interpolation method for real-gas flow simulations[J]. Computers & Fluids，2015，107：178-188.

[81] Casati E，Vitale S，Pini M，et al. Preliminary design method for small scale centrifugal ORC turbines[J]. 2013.

[82] Pini M，Persico G，Casati E，et al. Preliminary Design of a Centrifugal Turbine for Organic Rankine Cycle Applications[J]. Journal of Engineering for Gas Turbines and Power-Transactions of the ASME，2013，135（0423124SI）.

[83] Maksiuta D，Moroz L，Burlaka M，et al. Study on applicability of radial-outflow turbine type for 3 MW WHR organic Rankine cycle[J]. Energy Procedia，2017，129：293-300.

[84] Bahamonde S，Pini M，Servi C D，et al. Method for the preliminary fluid dynamic design of high-temperature mini-ORC turbines[J]. Journal of Engineering for Gas Turbines & Power，2017.

[85] 刘菁，单鹏. 分立式导向器离心涡轮气动改型设计与流场分析 [J]. 航空动力学报，2008，V23（06）：1047-1053.

[86] 谭鑫，李银各，林显巧，等. 离心式透平的变工况特性研究 [J]. 工程热物理学报，2016，V37（06）：1201-1207.

[87] 李银各，谭鑫，林显巧，等. 离心式透平的热力设计与分析 [J]. 工程热物理学报，2016，V37（10）：2103-2109.

[88] 宋艳苹，黄典贵. 离心透平变工况性能分析 [J]. 工程热物理学报，2019，40（10）：2313-2320.

[89] Luo D，Liu Y，Sun X，et al. The design and analysis of supercritical carbon dioxide

centrifugal turbine[J]. Applied Thermal Engineering，2017，127：527-535.

[90] Song Y，Sun X，Huang D. Preliminary design and performance analysis of a centrifugal turbine for Organic Rankine Cycle （ORC） applications[J]. Energy，2017，140（1）：1239-1251.

[91] Luo D，Tan X，Huang D. Design and performance analysis of three stage centrifugal turbine[J]. Applied Thermal Engineering，2017.

[92] 苏雯雪，黄典贵 . 7 MW 单级跨音离心透平设计与分析 [J]. 工程热物理学报，2020，41（05）：1095-1101.

[93] 沈士一 . 气轮机原理 [M]. 北京：水利电力出版社，1992.

[94] 王仲奇，秦仁 . 透平机械原理 [M]. 2 版 . 北京：机械工业出版社，1988.

[95] 闫超 . 计算流体力学方法及应用 [M]. 北京： 北京航空航天大学出版社，2006.

[96] Launder B E，Spalding D B. The numerical computation of turbulent flows[J]. Computer Methods in Applied Mechanics & Engineering，1974，3（2）：269-289.

[97] Yakhot V，Orszag S A. Renormalization group analysis of turbulence. I. Basic theory[J]. Journal of Scientific Computing，1986，1（1）：3-51.

[98] Speziale C G. Analytical Methods for the Development of Reynolds-Stress Closures in Turbulence[J]. Annual Review of Fluid Mechanics，1991，23（1）：107-157.

[99] Launder B E，Spalding D B. Mathematical Models of Turbulence[J]. Von Karman Institute for Fluid Dynamics，1972.

[100] Reynolds O. On the Dynamical Theory of Incompressible Viscous Fluids and the Determination of the Criterion[J]. Philosophical Transactions of the Royal Society of London A，1995，186（1941）：123-164.

[101] Kolmogorov A N. Equations of turbulent motion of an incompressible fluid[J]. 1942，6（6）：56-58.

[102] Menter F R. Two-equation eddy-viscosity turbulence models for engineering applications[J]. Aiaa Journal，1994，32（8）：1598-1605.

[103] 朱阳历，王正明，陈海生，等 . 叶片全三维反问题优化设计方法 [J]. 航空动力学报，2012，27（5）：1045-1053.

[104] 张晓东，余世敏，龚彦，等 . 基于 Bezier 曲线的涡轮叶片参数化造型及优化设计 [J]. 机械强度，2015，V37（02）：266-271.

[105] 韩永志，高行山，尤莹，等 . 三维涡轮叶片气动优化方法的研究 [J]. 机械强度，

2008，30（1）：63-67.

[106] Vucina D，Lozina Z，Pehnec I. Computational procedure for optimum shape design based on chained Bezier surfaces parameterization[J]. Engineering Applications of Artificial Intelligence，2012，25（3）：648-667.

[107] 黄萍，安利平 . 基于 Bzéier 曲线的新型叶片造型技术研究 [J]. 燃气涡轮试验与研究，2008，21（2）：19-23.

[108] Burguburu S，le Pape A. Improved aerodynamic design of turbomachinery bladings by numerical optimization[J]. Aerospace Science and Technology，2003，7（4）：277-287.

[109] 李燕生 . 径流式涡轮机械导风轮的设计与加工 [M]. 北京：国防工业出版社，1982.

[110] 许洪元 . 圆弧形叶片型线的理论研究 [J]. 流体机械，1990，8：31-35.

[111] 李燕生，陆桂林 . 向心透平与离心压气机 [M]. 北京：机械工业出版社，1987.

[112] 王乃安，谭鑫 . 离心透平一维气动设计与优化 [J]. 工程热物理学报，2018，39（4）：773-779.

[113] 朱加铭 . 有限元与边界元法 [M]. 哈尔滨：哈尔滨工程大学出版社，2002.

[114] 关醒凡 . 现代泵理论与设计 [M]. 北京：中国宇航出版社，2011.